地震科普知识 300 问答

《地震科普知识 300 问答》编委会　编

地震出版社

图书在版编目（CIP）数据

地震科普知识 300 问答 /《地震科普知识 300 问答》
编委会编 . — 北京：地震出版社，2016.4（2023.5重印）
ISBN 978-7-5028-4405-9

Ⅰ . ①地… Ⅱ . ①地… Ⅲ . ①地震—问题解答

Ⅳ . ① P315-44

中国版本图书馆 CIP 数据核字 (2016) 第 053909 号

地震版　XM3371/P(5095)

地震科普知识 300 问答

《地震科普知识 300 问答》编委会　编

责任编辑：范静泊

责任校对：凌　樱

出版发行：**地 震 出 版 社**

　　　　　北京市海淀区民族大学南路 9 号　　　　　邮编：100081

　　　　　发行部：68423031　68467993

　　　　　总编室：68462709　68423029

　　　　　市场图书事业部：68721982

　　　　　http://seismologicalpress.com

　　　　　E-mail：seis@mailbox.rol.cn.net

经销：全国各地新华书店

印刷：河北盛世彩捷印刷有限公司

版（印）次：2016 年 4 月第一版　　　2023 年 5 月第三次印刷

开本：710×1000　　　1/16

字数：143 千字

印张：11

书号：ISBN 978-7-5028-4405-9

定价：25.00 元

前　言

　　推进防震减灾事业发展，是促进可持续发展的需要。可持续发展的最高目标就是实现人与自然的和谐。人类社会对自然灾害的响应能力是衡量可持续发展水平的重要指标。地震突发性强、影响范围大、灾后恢复难，可能引起的灾害包括人员伤亡、财产损失、社会功能紊乱、生态破坏和群众心理创伤等多个方面。一次灾害性地震，可能使一个地区多年的建设成果毁于一瞬。地震灾害不仅会影响灾区的发展，还会给邻区乃至整个国家的发展造成严重的影响，因此，推进防震减灾事业的发展，关系到社会的可持续发展。

　　灾害教育是防震减灾工作的重要组成部分。灾害教育可以在一定程度上解决公民灾害意识不足、防灾素养比较薄弱等方面存在的一系列问题，其目的是使受教育者掌握一定的关于灾害本身及防灾、减灾、救灾方面的知识，树立正确的灾害观，正确地进行相应的防灾、减灾、救灾、备灾活动。新型的灾害教育体系，应该是由学校、社会、家庭构成的"三位一体"的灾害教育体系。

　　在灾害教育中，离不开科普知识的普及和宣传。本书作为一本防震减灾知识的科普读物，主要内容包括地震科普知识、地震监测预报、地震灾害预防、地震应急与救援、防震减灾法律法规知识和防震减灾方针政策等方面，并采用问答形式逐一介绍防震减灾知识，便于阅读，也非常实用。

目 录

第一章　地震科普基础知识问答

第一章　地震科普基础知识问答

1. 地球表面是由什么组成的?

答:地球表面由大小不等的板块彼此镶嵌组成的,它们是南极板块、欧亚板块、北美板块、南美板块、太平洋板块、印度澳洲板块和非洲板块。这些板块在地幔上表面每年以几厘米到十几厘米的速度漂移运动,相互挤压和碰撞。

2. 地球内部结构分为哪几层? 哪一层经常发生地震?

答:地球内部可分为地壳、地幔、地核三个圈层。据统计,90%以上的地震发生在地壳中,其余的发生在地幔上部。

3. 地震是怎么回事? 它具备哪些基本条件?

答:地震是人们感觉和仪器察觉到的地面振动。它应具备以下条件:一是要有向震源区供给机械能的能源,二是要有能够储存弹性形变能的地壳介质和地质构造,三是要有释放能量发生地震的地质构造。

4. 为什么会发生地震?

答:这个问题自古到今有多种多样的解释或设想。

20 世纪伊始,科学家们开始深入研究地震波的性质,从而为地震科学及整个地球科学掀开了新的一页。相继提出的比较有影响的假说有:一是 1911 年理德提出地球内部不断积累的应变能超过岩石强度时产生断裂,断裂形成后,岩石弹性回跳,恢复原来状态,于是把积累的能量突然释放出来,引起地震的弹性回跳说;二是 1955 年日本的松泽武雄提出地下岩石导热不均,部分熔融体积膨胀,挤压围岩,导致围岩破裂产生地震的岩浆冲击说;三是美国学者布里奇曼提出地下物质在一定临界温度和压力下,从一种结晶状态转化为另一种结晶状态,体积突然变化而发生地震的相变说。

地震之迷迄今没有完全解开，但随着物理学、化学、古生物、地质学、数学和天文学等多学科交叉渗透，深入发展，该科学正在取得长足的进步。

5. 什么叫地震释放能量？

答：地震释放的能量决定地震震级，能量越大，震级越大，相差一级的地震其释放的能量约相差 30 倍。

6. 地震有几种类型？

答：地震按其不同成因大致可分为以下几类：构造地震、火山地震、陷落地震、人工地震等。

人工地震是由人为活动引发的地震，如工业爆破、地下核爆炸、矿山开采等造成的地面振动，这类地震引起的地表振动轻微，影响范围不大，很少造成地面的破坏。天然地震指自然界发生的地震，如构造地震、火山地震、陷落地震等。

7. 什么叫构造地震？

答：由于地下岩层错动而破裂所造成的地震称为构造地震。

8. 什么叫地震波？它分为哪几种？

答：当地壳内岩石产生断裂发生地震时，有一部分能量以波的形式向外传播，称为地震波。它主要分为纵波、横波和面波。

9. 地震造成破坏的主要原因是什么？

答：地震波中的纵波会引起地面上下颠簸，横波使地面水平晃动，它是地面造成破坏的主要原因。

10. 哪种地震波可以警告人们尽快做好准备?

答:纵波先到达地表,人们感到颠簸,随后才感到晃动,纵波的到达警告人们应尽快做出防备。

11. 什么叫烈度? 震级与烈度的区别是什么?

答:烈度指地震时地面受到的影响或破坏程度,用"度"表示。震级是按一定的微观标准,表示地震能量大小的一种量度,它和地震释放出来的能量大小密切相关,释放的能量越大,震级越大。

12. 什么是极震区?

答:在破坏性地震中破坏程度最严重的地区叫极震区。

13. 什么是震级?

答:震级只能衡量地震强度的大小。震级是按一定的微观标准,表示地震能量大小的一种量度,它和地震释放出来的能量大小密切相关,释放的能量越大,震级越大。震级是通过地震仪器的记录计算出来的,地震越强,震级越大。震级相差一级,能量相差约 30 倍。

14. 怎样观测、记录地震和测定震级?

答:通常是通过记录地面振动的地震仪器观测、记录地震。按工作频率分,有短周期、中长周期、长周期、超长周期和宽频带等地震仪;按观测到的地震强度分,有微震仪、较强地震仪、中强地震仪和强震仪等。地震仪的灵敏度从放大几倍至千倍、万倍、十万乃至百万倍不等;周期范围是 0.05~100 秒左右。

15. 什么叫震源、震中、震源深度？

答：我们把地震震动的发源处称震源，观测点到震源的距离叫震源距。震源在地面的投影叫震中。通常我们所说的震中一般指由地震仪器记录资料所确定的微观震中。另外，我们把一次地震后破坏最严重的地区称宏观震中区，其几何中心称为宏观震中。震源深度是指将震源看作一个点，由此点到地面的垂直距离。

16. 什么叫近震和远震？

答：相对某一地区而言，在 1000 千米范围内发生的地震称为近震，远于 1000 千米的地震称为远震。同样强度的地震，近震的破坏程度通常大于远震。

震中距在 100 千米以内为地方震，震中距在 100 千米～1000 千米为近震，震中距在 1000 千米以上的为远震。

17. 什么叫地震活跃期、地震活跃幕？

答：地震活跃期指相对平静期而言的地震活动频繁和强烈的时段。

地震活跃幕指地震活跃期中地震活动相对频繁和强烈的时段；地震活跃期相对平静的时段，称之为平静幕。

18. 什么是活断层？活断层研究有哪些重要性？

答：指现今在持续活动的断层，或在人类历史时期或近期地质时期曾活动过、极有可能在不久的将来重新活动的断层。

19. 什么是地震序列？有哪些类型？

答：通常把一定时间内、发生在同一震源区，且其发震机制具有某种内在联系的地质构造带内的一系列大小不同的地震，称为地震序列。

地震序列分为以下几类：

（1）主震型：主震震级高，强度突出。主震释放的能量为整个序列的90%以上。据主震前后是否有地震活动，进一步可划分为前震—主震—余震型（所谓"小震闹，大震到"就是指这种类型）和主震—余震型。

（2）震群型：地震释放能量通过多次相近的地震来实现，没有突出的主震。最大地震释放的能量为整个序列的80%以下。此类型地震具有频度高、释放能量的起伏显著而衰减速度慢、活动的持续时间较长等特征。

（3）孤立型或单发性地震：其特点是无前震，余震小而少，震级与主震震级悬殊。

20.什么是地震带？世界上最主要的地震带分布于哪些地区？

答： 地震带是指具有成因联系、地震密集的地理分布地带，即地震发生较多又比较强烈的地带。全球主要有环太平洋地震带（包括南北美洲太平洋沿岸、阿留申群岛、堪察加半岛、日本列岛、台湾岛、菲律宾岛和新西兰）、欧亚地震带（又称喜马拉雅—地中海地震带，它贯穿印度尼西亚西部、缅甸，我国横断山脉、喜马拉雅山脉，帕米尔高原和地中海及其沿岸）和海岭地震带。

21.什么叫历史地震、古地震？

答： 历史地震是指从有文字记载至近代仪器记录之前所发生的地震。古地震（亦称史前地震）指有文字记载以前所发生的地震事件，亦包括史前及更早的地质年代内所发生的地震。

22. 我国有哪些地震带？

答：中国大陆内部的地震活动分布较为复杂和零散。但基本上还是呈一定规律的条带形。我国主要地震带有：(1)郯城—庐江带：即从安徽庐江经山东的郯城至东北一带；(2)燕山—渤海带；(3)汾渭带；(4)喜马拉雅山带；(5)东南沿海带；(6)河北平原带；(7)祁连山带；(8)昆仑山带；(9)南北带；⑽台湾带；⑾南天山带；⑿北天山带。

23. 什么是活动构造？

答：活动构造指地质年代在新生代的第四纪晚更新世（距今约 10 万年）以来有过活动，现今具继承性，将来还可能活动的地质构造。它包括活动断裂、活动褶皱、活动盆地、活动隆起带等。

24. 第四纪活动断裂带的哪些部位容易发生地震？

答：以往发生地震的构造部位，第四纪活动断裂带主要有以下容易使地震孕育、发生的部位：

（1）第四纪活动断裂带曲折拐弯处。这种部位往往是阻碍第四纪活动断裂带作直线运动的部位，所以容易造成地应力集中而引发地震。

（2）第四纪活动断裂带端部。第四纪活动断裂在进一步发展过程中，中间部位较两端位移大，在向两侧扩展时可能引起端部构造应力积聚和调整，并通过地震活动形式释放能量。另外，第四纪活动断裂的一端往往首先破裂，而另一端可能成为应力相对集中部位，在应力继续作用时，就可能发生地震。

（3）多条第四纪活动断裂带交叉部位。多条第四纪活动断裂在最新的活动过程中，相互切割、交叉的部位，容易造成运动前进的障碍，导致应力积聚的"闭锁"状态，进而释放能量发生地震。

25. 什么叫破坏性地震？

答：破坏性地震是指造成人员伤亡和财产损失的地震灾害。一般震级大于 5 级，会造成不同程度地震灾害，通常称为破坏性地震。

26. 地震造成的最普遍的灾害是什么？

答：各类建（构）筑物的破坏和倒塌。

27. 地震灾害有哪些特点？

答：地震灾害特点：

（1）地震灾害严重程度与地震震级的大小、震源深度的深浅，震中距离的远近、地震动持续时间的长短有密切关系；

（2）地震灾害的次生灾害尤为严重，如火山；

（3）内陆直下型地震灾害严重；

（4）地震灾害持续的时间长；

（5）地震灾害的突发性强，灾害程度大；

（6）地震灾害影响面广；

（7）人口稠密、经济发达地区地震灾害严重；

（1）灾害因社会和个人防灾意识不同而不同；

（9）地震灾害对城市生命线工程破坏大。

28. 地震成灾的原因是什么？

答：地震成灾的原因主要有：

一是地震波引起地面和地面上建筑物强烈振动产生惯性力——地震力，当地震力超过建筑物的承受能力时，建筑物就被破坏；二是地震时发生断裂错动、开裂、地陷、地基不均匀变形

9

及砂土液化等地基失效引起建筑物倾倒；三是地震引起的海啸、山崩、泥石流、滑坡、洪水、大火造成建筑物遭到破坏。

各类工程结构破坏的主要原因有：建筑物结构不合理，构件连接薄弱、支撑数量不足；建筑材料质量低劣；施工质量不符合要求；地基失效；次生灾害（如地震引起的火灾、水灾等次生灾害）的破坏，等等。

一般地震致伤致亡数量与地震震级和震中距大小有关，而且与震中区人口密度和建筑质量有关。另外，地震发生时刻与伤亡数量密切相关。地震时，潮湿、洪积地等软弱地基上的高层建筑物，除整体倒塌和部分破损外，更多的是造成柱、梁等主要构件的破损，以致直接威胁人身安全或造成人员伤亡。另外，在高层建筑内越上层地震加速度愈大，其摇晃度也越大，因此会造成书架、食品架、衣柜等翻倒，尤其是重心高的家具类倒翻严重。这些家具的翻倒常常是致人伤亡的原因。

29. 什么是影响地震灾害大小的关键因素？

答：社会文明程度决定着人类抗震防灾能力的大小，所以说社会文明程度是影响地震灾害大小的关键因素。

30. 什么是地震的直接灾害？

答：地震直接灾害是指由地震的原生现象，如地震断层错动，大范围地面倾斜、升降和变形，以及地震波引起的地面震动等所造成的直接后果。包括：

建筑物和构筑物的破坏或倒塌；

地面破坏，如地裂缝、地基沉陷、喷水冒砂等；

山体等自然物的破坏，如山崩、滑坡、泥石流等；

水体的振荡，如海啸、湖震等；

其他如地光烧伤人畜等。

以上破坏是造成震后人员伤亡、生命线工程毁坏、社会经济受损等灾害后果最直接、最重要的原因。

31. 什么是地震的次生灾害？

答：地震灾害打破了自然界原有的平衡状态或社会正常秩序从而导致的灾害，称为地震次生灾害，如地震引起的火灾、水灾，有毒容器破坏后毒气、毒液或放射性物质等泄漏造成的灾害等。

地震后还会引发种种社会性灾害，如瘟疫与饥荒。社会经济技术的发展还可能带来新的继发性灾害，如通信事故、计算机事故等。这些灾害是否发生或灾害大小，往往与社会条件有着更为密切的关系。

32. 为何城市的地震次生灾害十分突出？

答：城市是各种生命线工程高度集中的地区，地上地下各种管网密布，所以地震次生灾害十分突出。

33. 地震时引发的哪种次生灾害最严重？

答：火灾。

34. 城市地震火灾产生的原因有哪些？

答：城市地震火灾产生的原因有：

（1）炉火引起火灾；

（2）电气设施损坏引起火灾；

（3）化学试剂的化学反应引起火灾；

（4）地震造成高温高压生产流程中的爆炸和燃烧；

（5）易燃易爆物质的爆炸和燃烧；

（6）防震棚着火引起火灾。

11

35. 我国地震破坏作用有何特点？

答： 我国地震破坏作用有以下特点：（1）破坏面积广；（2）具在连锁性；（3）具有多发性。

36. 大震时间与地震灾害关系如何？

答： 夜间地震造成的人员伤亡远远高于白天地震造成的人员伤亡。

37. 什么是可能发生严重地震次生灾害的建设工程？

答： 可能发生严重次生灾害的建设工程，是指受地震破坏后可能引发水灾、火灾、爆炸、剧毒或者强腐蚀性物质大量泄漏和其他严重次生灾害的建设工程，包括水库大坝、堤防和贮油、贮气、贮存易燃易爆、剧毒或者强腐蚀性物质的设施以及其他可能发生严重次生灾害的建设工程。

38. 没有发生过强烈地震的地方为什么会发生强震？

答： 强烈地震多发在地震带或地震区内，然而，个别强烈地震却一反常态，不发生在已知的地震带或区内，而突然发生在人们一向认为不会发生地震的地壳比较"稳定"的地区。某些被人们认为不会发生强烈地震的地区发生了强烈地震，这可能是人们对该地区的地震地质构造认识不清或地区性的地质构造有了特殊的发展变化，因此，要加强地震地质研究工作，揭示地质与地震活动关系，从而预测未来的强震活动。

39. 强烈地震后，余震还会不会造成破坏？

答： 强烈地震之后，地震区的原有地壳平衡状态被破坏，在逐渐向新的平衡状态调整的运动中，会出现一系列的小地震活动——余震来释放剩余能量。强余震亦会造成破坏。因为许多建筑物遭到主震的冲击以后，外观虽然还未破坏，但大部结构被抖松或震损，处于失衡的临界状态，已变得不太牢固。在这种情况下，再遭受强余震，就更容易被破坏了。因此，在主震发生后，还应加强震情监测预报工作，警惕余震的袭击，做好防灾工作。

40. 什么叫城市直下型地震？成因是什么？

答：在大城市及附近发生的地震称为城市直下型地震。随着城市的迅猛发展，社会生产力和科技的进步，这种城市放大效应将会更为突出。城市的地震次生灾害严重，即城市不仅人口稠密、房屋集中，还是交通、电力枢纽，一旦失火就可能引起火灾；一个电站发生故障，停止运转，也会带来连锁反应，造成重大损失；地上、地下管道和线路的破坏，以及各种易燃、易爆、剧毒物品的生产和储存设备的震坏，都会带来严重的后果。特别是城市的动脉和神经——生命线工程的某一环节或局部遭到破坏、失控，都会导致城市功能的丧失和瘫痪，从而扩大灾情。

在以往的城市直下型地震中，也存在扩大灾情的人为因素。主要有：一是因通讯中断，不能及时传递地震信息，延误抗震救灾决策时间，扩大了灾情。二是因交通阻塞，致使灾区待援时间过长，贻误了抢救生命的最佳时机；救援部队在工具设备方面准备不够，使得救人效率低，从而扩大了灾情。三是发生城市直下型地震的城市大都在历史上未发生过破坏性地震，所以，人们防震意识薄弱，没有应付大震的心理准备，致使震时措手不及，部署救灾力量不足，使救灾行动迟缓，贻误时机，扩大灾情。四是对灾情掌握不准，对震害估计过低，使救灾工作迟缓，加重了人员伤亡和经济损失。五是建筑物的抗震性能差，就是即使那些进行过抗震设防的建筑中也存在选址和地基处理不当、偷工减料、建造质量差等问题，致使建筑倒塌严重。六是城市人口密度过高、工矿企业过于集中、高楼林立密度过大，没有人员疏散躲避的空旷场地，等等。

我们应提高防震减灾的意识，切实做好城市的防震减灾工作，才能将城市直下型地震的灾害减轻到最低限度。

41. 水库诱发地震的原因及类型是什么？

答： 在水利水电工程中，由于水库蓄水而引起的水库区及周边的地震活动，我们称之为水库诱发地震。水库诱发地震问题早在 20 世纪 40 年代就引起了人们的注意，至 20 世纪 60 年代，我国新丰江、卡里巴（赞比亚和津巴布韦交界）、克里马斯塔（希腊）和柯依那（印度）等水库先后诱发了 6 级破坏性地震后。

水库地震也引起国际学术界和有关政府部门的广泛重视。1969 年，联合国教科文组织设立了"与水库有关的地震现象"专家工作组。1970、1971、1973 年专家组相继召开座谈会，交流了诱发地震研究的现状，分析了世界上 30 个大型水库和地震活动方面的资料。1975 年于加拿大班城召开了第一届国际诱发地震会议，会议以水库诱发地震问题为主要议题；1995 年 11 月于北京召开了以水库地震为中心议题的"国际水库诱发地震学术研讨会"。

水库诱发地震与构造地震的分布全然不同。构造地震主要受地壳物质结构、现代构造运动和地壳力学等条件制约，呈现出全球地震活动分布的不均衡性。地震多发生在现代构造运动比较活跃的地带，不同板块的接触带（如板块之间的俯冲带、碰撞带、裂谷带）板块内次级亚板块的接触带等。而水库地震大多数位于板内极少地震活动的少震弱震区，仅少数位于主要地震带及附近。如日本，位于地震频繁而强烈的太平洋地震带境内近 3000 座坝高 15 米以上水库中，仅有两座诱发了地震，仅相当于世界平均水平的 1/4。

根据水库地震成因的不同，可以将其划分有以下类型：

（1）构造型：在水库区存在地震孕育、发展和发生的地质构造板块或断裂活动环境条件，在构造应力场的作用下，产生变形和积累应力、应变能，由于水库荷载和地下水渗入基底产生的附加应力、物理化学作用的诱发，库区储能地质体释放能量而发生地震。

（2）重力型：在碳酸盐岩分布的岩溶洞穴特别发育的水库区，或者顺库岸断裂节理、裂隙极其发育且稳定性较差的山坡，在库水和其他地下水的作用下，受重力场和岩体自重的作用，产生变形和积累能量，导致发生岩体崩塌、滑坡、洞穴塌陷等从而引起的地震。

（3）构造重力型：在活动断裂、活动盆地、活动地块和巨大重力梯级带上的岩溶发育地段，水库区储能地质体在重力场和区域构造应力场共同作用下，产生形变和积累能量，由于受水库蓄水后的荷载作用和其他物理化学作用的诱发，活动构造作剧烈运动和岩体崩滑运动，从而发生的地震。

（4）热能型：在现代火山或其他高热能的水库区（如阿尔及利亚的乌德福达水库），在地热能的作用下，库区储能地质体发生变形、积累能量，在水库蓄水后形成的附加应力触发下，使上部断块、岩块或断裂产生运动而发生的地震。

（5）化学潜能型：水库区内存在特殊矿物组成的地层或岩体，如硬石膏和硅酸盐矿物组成的地层等，在水库蓄水后，这些地层或岩体遇水发生水化、相变、体积膨胀，会产生使上覆地层横向拉张、破裂而发生的地震。

42. 什么叫矿山地震？它有什么特征，成因是什么？

答：煤矿矿震是矿震类型中最多的一种，所造成的损失亦相当严重。煤矿矿震在各类诱发地震中危害性最大，它直接关系到矿山的安全和劳动生产率问题。

概括煤矿矿震特征及成灾原因有:

(1)煤矿矿震震源浅,又处于矿山这种特殊条件下,地面上的建筑物会遭到损失,井下设施也会受到严重破坏,还会引起人员伤亡和惊恐。

(2)煤矿矿震通常震级小,波及范围不大,但它造成的灾害往往比较严重。

(3)煤矿矿震破坏程度随井巷深度而增加。

(4)煤矿矿震往往引起矿区断裂"复活",矿震的发生又与开采有关,所以开采区边界断裂部位比正常区、远离开采层底砾岩层比距开采层较近的岩层开采区、井巷工程位于岩层界面或其他较弱的介面比同一岩层破坏严重。

(5)随着煤矿矿震的发生,矿区的塌陷和岩爆、岩炮、岩石突出等矿山压力现象增多、程度增大。

(6)煤矿矿震时,在强大的地应力作用下,岩层或煤层突然脱离母体向采空区闪射,同时产生强大的气流,引起井巷的破坏和人员伤亡。

煤矿矿震的发生依赖于特定的环境背景。据对我国煤矿矿震的研究,概括其发生相关的内外环境原因主要有:

(1)脆硬——软地层结构是煤矿矿震发生的内在介质力学环境。

已发生地震煤矿地层多为古生代石炭纪——中生代侏罗纪的碳酸盐岩、碎屑岩沉积,均为砂岩、泥岩、灰岩及硅质岩层间夹煤层,自下而上为脆硬——软(煤)——脆硬介质力学性质的地层结构。这种结构的抗剪、抗压、抗冲击及抗溶蚀能力的差异性较大。较之单纯的岩浆岩、变质岩和碳酸盐岩、碎屑岩对外力敏感性和抵抗性均较脆弱,利于在强大水平应力作用下形成层间虚脱。这可能就是煤矿易于发生矿震的内在因素。

(2)褶皱是煤矿矿震孕育、发展弹性能积累的构造环境。

煤田大都处于褶皱构造之中，如山西大同煤矿处在大同向斜构造上，湖南娄底和邵阳发生地震的煤矿处在桥头河、恩口、斗笠山、牛马司、短陂桥等向斜构造上。褶皱是在水平挤压应力作用下的产物，当地壳内某一方向的应力减弱，可能造成物质的弹性恢复运动，特别是在具旋扭力学性质的褶皱地区。譬如湘中南地区发生矿震的娄底煤田、短陂桥煤田的煤矿处于"S"型旋扭向斜构造之上，该构造两端深部积累了相当高的弹性能，若岩石在不断的变化过程中，由于某种原因导致应力减弱时，局部地段就可能出现弹性恢复现象，发生方向相反的回弹旋扭运动，以致湘中南地区煤矿矿震频繁发生。另外，值得指出的是，在向斜轴部、顶部，随深度的增加，弹性能蓄积也越来越大，这可能是煤矿矿震随开采深度而加剧的成因。

（3）活动构造引起的"活化区"是煤矿矿震产生的动力环境。

发生煤矿矿震的山东省陶枣煤田处于郯庐深大活动性断裂带西侧；辽宁北票煤田存在挽近活动的龙潭、塔营子、尖山子、南天门等断裂；湘中南地区煤田（娄底、邵阳煤田及宁乡煤炭坝煤矿等）处在斜贯湖南省境的崇阳—宁乡活动断裂带旁侧；等等。活动断裂的穿越必然造成影响地区内的活动与静态断裂、围岩限制抵触至静的对抗作用，这种不均匀构造应力使新、老构造作不同程度的继承性、新生性活动，有的构造从稳定状态逐渐开始活动或蠕动，有的被牵动局部活化。因此，为煤矿矿震的孕育、发展提供了内在动力环境。

（4）地下水丰富和雨量充足是煤矿矿震发生的外界诱发因子。

湖南省娄底煤田矿震78％发生在降雨量多的一、二季度，辽宁省北票煤田矿震80％以上发生在春季多雨时节，原因是地表径流渗透矿区地下水与矿区开采的大量抽排水疏干，造成地下水位的突降突升，致使岩体内应力的突减突增，使活动断裂所受附加应力发生突变，大量抽排水造成开采层急剧减压及矿区碳酸盐岩中溶洞顶板及矿柱突然失去浮托力，从而诱发塌陷或构造活动的矿震。

（5）煤矿采掘卸载是诱发煤矿矿震的外界动力因子。

通常煤矿区地壳深部围压处于均衡的应力状态，煤矿大量采掘形成采空区，地表对深部的载荷随之降低，必然使地壳内部所承受的竖直应力降低。此时，四周水平应力作用趁势加强，地壳深部不连续面的地层层面或断裂面就会出现上下部脱离的岩层运动和断裂活动，利于孕育塌陷矿震和断裂瞬间倾滑激烈活动。

43. 为什么我国西部是世界上大陆地震最活跃、最强烈和最集中的地区？

答：我国西部是处在地壳强烈活动的背景条件下，构造活动最强烈的地区，其位于印度板块与欧亚板块碰撞和中东部向西部推挤（即环太平洋板块向西俯冲和地球自转产生的推挤作用及菲律宾海板块向西运动）的特殊构造部位。在青藏高原和天山地区，规模、运动幅度巨大的全新世活动断裂十分发育，这些活动断裂大部分是可能导致地震发生的具走滑、逆走滑或逆冲性质的新断裂。如青藏高原南北周缘和天山地区的活动断裂，晚更新世以来的平均滑动速率分别为 56 毫米 / 年、10 ~ 14 毫米 / 年和 1.5 ~ 5 毫米 / 年，均属现今活动强烈的断裂。所以，表现为地震活动水平高和强度大，且地震活动间隔时间比东部短得多。如青藏高原南部、天山地区的地震活动周期分别为几十年和 100 年左右，而东部地区为 200 年左右。

44. 我国台湾地区为何地震多？

答： 台湾地区是我国地震最多地区。

地震科学家们研究认为：台湾地处世界最大的地震带——环太平洋地震带，该地震带每年发生的破坏性地震占全世界总数的80% ~ 90%。

台湾地处两大板块（欧亚板块和太平洋板块的菲律宾海板块）俯冲和隆起运动显著的碰撞带上。两大板块作相向运动，即欧亚板块向东南方向移动，太平洋板块（菲律宾板块）向西北方向运动，相互接触碰撞，引起地壳复杂而剧烈的运动。太平洋板块（菲律宾板块）剧烈的俯冲运动，在板块接触带上，发育着现今仍在活动的巨大断裂，以致造成台湾东海岸比西海岸陡峭的地形地貌。

台湾岛同时受到太平洋板块、菲律宾板块一致性的向西推压的作用，引起地壳复杂而剧烈的运动。挽近地质时期以来，台湾岛地壳被挤压抬升平均速率约4 ~ 5毫米/年，花莲地段紧邻菲律宾板块碰撞带，其地壳抬升速率高达6 ~ 9.7毫米/年，由此造成台湾东海岸比西海岸陡峭的地形地貌和频繁的地震活动。加之，菲律宾板块的边界在台湾东部转折，使之成为构造应力集中区。板块相互碰撞产生的应力积累，主要是以火山活动（如台湾北部大屯火山群）、地震形式来消耗。

台湾花莲附近曾于1951年10月22日连续发生过7.3和7.1级地震。1999年9月21日地震亦在花莲附近，表明在板块相互作用下形成的台湾东部北东向纵谷断裂又一度活跃。

台湾地震频繁发生是太平洋板块（菲律宾板块）剧烈运动的结果。

45. 地震为什么多发生在夜间？

答： 天体的引力可引起海洋潮汐、固体地壳潮汐。由于月球距地球最近，其对地球的引力作用最大。当地震震源处应力值很高即处于发震临界状态时，月球的引力所产生的固体潮有可能起到触发地震的作用。

地震还常发生在阴历初一、十五的月相为朔望的时候，这也是因为在朔望前后是月球的引力和太阳的引力近同一方向，产生叠加，使地球所受的引力潮汐达到较大值，其对地震的触发作用更为显著。

46. 北纬 40° 线附近何以地震多?

答: 就地震带位置而言，欧亚地震带相当一部分地段位于北纬 40° 线附近，环太平洋地震带也是在日本和美国两次横穿北纬 40° 线，这就为在北纬 40° 线上和附近地震的发生创造了天然的条件。且北纬 40° 线及附近有北京、天津、平壤、安卡拉、马德里、里斯本、旧金山等人口稠密、文化发达的大中城市，一次强烈地震就会带来巨大的灾难。在北纬 40° 线上发生的灾难性地震，震级达到 7.0 级、造成人员死伤 2000 以上的地震就有几十次。1995 年又在北纬 40° 线上发生了震惊世界、损失惨重的日本阪神 7.2 级地震。然而，在太平洋中发生的地震，若不激起海啸，就不会造成多大的灾难。北纬 40° 线附近地震多只是相对地震造成的灾害程度而言的。

47. 强震与太阳活动有什么关系?

答: 地震活动与太阳活动似有一定的关系。强震与太阳黑子活动也有一定的关系。

大震往往发生在太阳由平静向强烈过渡时期的峰段或谷段。

48. 有些地震之后为什么江河无水?

答: 在一些强烈地震之后，会出现震区附近的江河干涸的现象。有人认为是地震效应使河水渗入地下并造成液化；也有人认为是地震动致使河水溢出堤坝；还有人认为是河水顺着地震裂缝渗流，地震使河流源头井泉干涸所致。究竟什么是造成地震后江河无水的原因，还有待科学家的深入研究。

49. 闰八月会发生大震吗？

答：众所周知，月球绕地球一周的时间为 1 个月，大月 30 天，小月 29 天。积 12 个月为 1 年，共 354 或 355 天，这种历法叫阴历。以地球绕太阳一周的时间为 1 年（1 年为 12 个月），平年 365 天，闰年 366 天，这种历法叫阳历或太阳历。不难看出，阴历一年比阳历一年的天数要少约 11 天（故 19 年里要设置 7 个闰月），所以平均每两年多时间，就多出一个月来，这多出来的一个月称附加月，在历法上就称"闰月"。

闰月的设置与一年中的 24 个节气有关。24 个节气分为"节气"与"中气"两种，"节气"与"中气"各 12 个，彼此交替出现。如清明、立夏为节气；谷雨、小满为中气，以此类推。由于连接两个中气的时间间隔平均约 30.5 天，阴历每个月的平均天数约 29.5 天，这样，必定会发生某个月内中有一个节气，而完全没有中气的情况。这样的月份就被定为闰月。它紧接在某月后，就称"闰某个月"。

"闰八月不吉祥，是灾年，地震和各种灾害特别多。"果真是这样吗？据 1840 年至 1994 年的 150 多年的统汁，其间有 57 个闰月，其中有 5 个闰月年份（1851、1862、1900、1957、1976 年）。在这 150 多年中，我国发生 7 级以上地震近 100 次、8 级以上地震 9 次。7 级以上的地震对应闰八月年份的仅有 1957、1976 两年，而 8 级以上的地震，在闰八月的 5 个年份里，一次也没有。

综上所述，闰月或闰年是按地球、月球、太阳三者的运行规律来确定的。地震发生则是地下岩石应变能积累到一定程度突然释放的结果，两者之间没有必然的联系。所以，"闰八月地震灾害多，是灾年、不吉利"等说法，是无科学根据的，是不可信的。

50. 气旋能触发地震吗？

答：气旋是大气层中空气的巨大搅动，它对海洋和地壳发生作用，同时产生风暴微震（地壳的弱振动）和大气层的次声波。

大气压变化影响着地震的发生。也就是说，当地震活动区上空大气压有大幅度的变化时，有可能增大地震发生的概率。而热带气旋也能使大气压改变，当压力差作用在地壳上时，也可能引起地层发生改变。因此，热带气旋有可能起到触发地震的作用，但二者之间更确切的关系还有待深入研究。

地震与气候关系如何？地震和气候都是地球上所表现的自然现象，它们之间存在互相影响是必然的。例如，大气压力对地震具有触发作用，在总结以往大震发生过程的规律时发现，在大震前的一个多月，震中区及其附近平均气压的变化大。并且，月平均气压的量值大多是当地历史气压变化记录的最大值或次大值。唐山地震时，天津7月份平均气压是40年来从未有过的最大值。

大地震发生前，由于积累的巨大能量，它能改变台风的走向，引导台风推进。如唐山地震前，在我国东南沿海登陆的一次台风，一直北上至华北。这次地震前，在缅甸登陆的强大飓风有可能是因受到地震的引导，转向登陆缅甸。

无论是地震还是气候，都受到来自太阳活动的影响。我国大陆许多强震都是在太阳黑子活动处于低值年内发生。

51. 地震时为什么会喷水冒沙？

答：地震时常伴有喷水冒沙观象。而这些沙和水通常是沿地震地裂缝或岩层孔隙中喷出来，亦有从原来的井泉中喷出的。喷沙口的形状多为裂隙形和圆形、椭圆形。喷砂现象多出现在平原地区，特别是河流两岸最低凹的地方。地震时，起初喷口较少，而后逐渐增多，并具一定方向性，大多呈线状分布。

地震时的喷水现象，一般在强烈地震时比较突出。地震时地表涌泉、井泉荡漾溢出等现象常有所见。一般情况下，地震后，喷水异常现象逐渐消失，也有些成为长流的井泉。

地震造成喷水冒沙的条件，一是沙、水喷冒要有通道。地震产生的地裂缝为地下沙和水喷溢创造了通道，并控制着喷水冒沙的展布，所以具有与地裂缝方向基本一致的定向性。二是要有强大压力。地震时地下压力变得特别大，推动着其下沙和水喷出。三是要有水、沙等物质来源，否则就是有通道和强大的压力也喷不出来东西。

在冬季土地封冻时，那些没有完全冻结的地方，亦利于沙和水溢出，如果地下沙土比较多而又埋深很浅，地震时就可能在此处出现喷沙的现象。在北方烧火的炕头和灶头都是封冻度差的地方，也容易出现喷水冒沙现象。

52. 什么是"南北地震带"？

答：从我国的宁夏，经甘肃东部、四川中西部直至云南，有一条纵贯中国大陆、大致呈南北走向的地震密集带，历史上曾多次发生强烈地震，被称为中国南北地震带。2008 年 5 月 12 日汶川 8.0 级地震就发生在该带中南段。该带向北可延伸至蒙古境内，向南可到缅甸。

53. 我国历史上波及范围最广的是哪次地震？

答：我国历史上波及范围最广的地震是 1920 年 12 月 16 日发生在宁夏回族自治区海原的 8.5 级大地震，震中烈度Ⅻ度，震源深度 17 千米，震中位于北纬 36.5°、东经 105.7°。该次地震波及宁夏、青海、甘肃、陕西、山西、内蒙、河南、河北、北京、天津、山东、四川、湖北、安徽、江苏、上海、福建等 17个省、市、自治区。有感面积达 251 万平方千米，约占我国面积的四分之一。

第二章　地震监测预报知识问答

54. 什么是地震预报?

答：地震预报是针对破坏性地震而言的，是在破坏性地震发生前做出预报，使人们可以防备。

55. 什么叫作地震预报的三要素?

答：地震预报三要素地震预报要指出地震发生的时间、地点、震级，这就是地震预报的三要素。完整的地震预报这三个要素缺一不可。

56. 现在能精确预报地震吗?

答：2001年11月14日在我国大陆西部青藏高原东昆仑山口西发生了8.1级地震、2008年5月12日在四川省汶川发生了8.0级地震等。这些地震给人类带来惨重的灾难和损失。那么，地震能预报吗？

地震乃群灾之首，它与其他自然灾害不同，在瞬间（几十秒钟）内可使人民的生命财产蒙受巨大的伤亡和损失，于是引起了许多地震较多的国家对地震预报的关心。多年来，尽管各国科学家都为之努力研究，可至今地震预报的成功率仍很低。

我国自1966年邢台地震后，在周恩来总理的亲切关怀和鼓励下，全国逐渐形成了一个从中央到地方、专群结合的大规模地震预报体系。目前，我国的地震预报居世界领先水平，曾经较成功地预报了1975年2月4日海城7.3级、1976年5月29日云南龙陵—潞西7.5级、1976年8月16日四川松潘—平武7.3级、1971年3月23、24日新疆乌恰两次6.3级地震等。尤其是对海城大震做出的短临预报，被公认是世界上前所未有的先例而载入世界史册。然而，地震孕育发生的规律还没有完全被掌握，当前地震预报仍处于经验性阶段。因此，对我国的地震预报水平和现状可这样概括：对地震孕育发生的原理、规律有所认识；能对某

27

些类型地震做出一定程度的预报；较长时间尺度的中长期预报的可信度较高，短临预报的成功概率还比较低。

地震预报是一个关系国计民生，受到各国政府与人民广泛关注的问题，经过多年多方面的探索，至今仍是一个未取得突破的科学难题。近些年来由于一些大地震突然发生在事先未估计到的地区（如原苏联的亚美尼亚地震、日本的阪神地震、美国的洛杉矶地震等），以及在一些有明确预测意见的地震危险区（日本东海、美国帕克菲尔德）又未发生预期地震，促使科学家反思现行的一套地震预报体制是否有效的问题。1996 年 11 月在英国伦敦由英国皇家天文学会地球物理联合会召开了"地震预报体制评估研讨会"，有欧洲、美国、日本代表参加，中国没有出席。会上几个主题发言都相当低调。后来，Kogan、Geller、Jackson 三位教授联名在《杂志》发表了《地震无法预测》的论文。

各国报道的地震前兆现象基本上是回顾性的，缺乏严格的论证，没有证明它们是前兆，而是与地震无关的环境因素，认为地热和地下水异常，没有提出定量的物理机制，对日本 1994 年在色丹岛地震前 1200 千米以外的水井的"前兆性变化"，认为没有任何模式可以解释这样的变化，是似是而非的。总的说来，这个领域的研究者常把信噪比很低的数据当作信号来进行分析，用对事先取定了参数的假设的统计检验方法来评估，通过事后调整参数的方法得到的研究结果。

1978 年伊豆半岛附近发生了强烈的微震活动，在 3 小时内发生了 18 次有感地震的情况下，日本气象厅公布了地震情况，提醒市民注意，但并没有指出地震的时间、地点和震级。90 分钟后，在这个地区附近发生了 7.0 级地震，但因此次预报缺乏三要素，不能算是成功的预报。从 20 世纪的 70 年代中期开始，日本在太平洋沿岸，距东京 150 千米的东海地区，预报近期内有发生

8 级地震的可能，然而，预报的东海地震并未如期发生，却在其他未预报地区接连发生强震（例如 1983 年日本海地震、1993 年奥尻岛地震、1994 年色丹岛地震、1995 年阪神地震等）。阪神地区被公众和地方政府错误地推断没有危险，从而没有认真防震准备，加剧了阪神地震中的损失和伤亡。

从地壳处于自组织临界状态来看，准确地预报地震是困难的。因为破裂过程是不稳定的，每次地震有多大，只有在地震开始后才能被确定。且发生地震的因素很多，不是地震越大，孕育区就越大。地震大小带有很大的不确定性，由破裂开始后多种因素来确定，事先就预测有多大是不现实的。在短期预报变得可靠以前，还会有许多失败，推测可能要到 2100 年甚至 2200 年才能实现较为准确的地震预报。

地震预报为什么这样困难呢？一是限于科学技术水平，无法深入地下几十千米处的震源进行直接的"解剖"，只能用地表观测到的间接信息来"把脉"。在短期内，临震预报方面还很难取得突破性进展；二是地震前兆观测大都限于地表间接观测，而天体和气候的变化，及大业电流等因素引起的地表各种变化都掺杂在地震前兆资料中，很难剔除这些外界的干扰，给提取地震前兆信息带来了困难；三是很难揭示地壳复杂的结构与前兆间的内在联系，目前仅只能借助设置在地壳表层的各种宏观和微观手段，间接地探测它的变化情况；四是对地震前兆特点的认识还很粗浅，不同地区和类型的地震，其前兆出现的时间、类型、空间分布等皆有很大的差别；五是地震预报实践的机会少。虽然，全球每天要发生 1 万多次地震，一年约 500 万次（其中造成破坏的只有 1000 次），但是，每年达到 7 级以上的地震仅 18 次左右，发生在监测范围内的就更少了。因此，地震预报不像天气预报和洪涝预报那样，每年都能得到多次实践机会。

目前世界地震预报尚未过关，仍处科学探索阶段，还达不到准确预报的科学境界。

57. 发布地震预报有哪些权限规定？

答：1988 年 6 月 7 日国务院批准，1988 年 8 月 9 日国家地震局颁布了《发布地震预报的规定》（以下简称《规定》）行政法规。《规定》的核心内容就是规定地震预报必须由政府部门按权限发布，任何单位和个人，包括地震部门和地震工作者在内，均无权发布地震预报。主要条款有：

（1）地震长期预报，由国家地震局组织其他有关地震部门提出，向国务院报告，为国家规划和建设提供依据。

（2）地震中期预报，由国家地震局或省、自治区、直辖市地震部门提出，经有关省、自治区、直辖市人民政府批准，并对本行政区域内的重点监测区做出防震工作部署，同时报告国务院。

（3）地震短期预报和临震预报，由省、自治区、直辖市地震部门提出，经所在省、自治区、直辖市人民政府批准并适时向社会发布，同时报告国务院，涉及人口稠密地区的，在时间允许的情况下，应经国务院批准后再行向社会发布。

（4）北京地区的地震短期预报和临震预报，由国家地震局汇集其他地震部门的预报意见，进行综合分析和组织会商后，提出预报意见，经国务院批准，由北京市人民政府向社会发布。

（5）向各国驻华使馆、外交机构通报地震短期预报和临震预报的工作，由外交部或地方人民政府外事部门，根据省、自治区、直辖市人民政府发布的预报进行组织安排。

（6）在已发布地震中期预报的地区，无论已经发布或尚未发布地震短期预报或临震预报，如发现明显临震异常，情况紧急，当地市、县人民政府可以发布 48 小时之内的地震临震预报，并同时向上级报告。《规定》还明确指出包括地震部门在内的任何单位和个人，在地震预报意见未经人民政府批准发布之前，均不得向外泄露，更无权对外发布。

58. 发布地震预报时，当地政府应做哪些工作？

答：当地政府接到地震预报意见后，应展开相适应的工作。

（1）发布地震短临预报后，当地政府应进入临震戒备状态，并做好以下工作：①按地震应急预案做好各项准备工作。②组织转移人员、财物、重要文件等。③做好安定民心和稳定社会的工作。④注意震情的发展。⑤按照发布地震预报的规定，参照地震趋势意见决定解除或延长临震戒备状态时间。

（2）有中期地震趋势意见时，圈划在地震重点监视区内的各级政府要做好以下防范工作：①制定防震减灾应急方案，健全指挥机构。②强化地震监测和地震预报、震害预测工作。③开展地震知识和防震减灾知识的宣传。④遵守"内紧外松"的保密纪律，防止地震预报意见流传到社会上酿成谣传。⑤对生命线工程等进行抗震性能的重点检查。发现不符合要求的，要采取抗震加固补救措施。⑥动员单位和群众参加包括地震保险在内的各类保险。⑦做好医疗、物资、交通、通信、安全、水电等各方面的应急准备。

59. 发布地震预报时，涉及化工、易燃、有毒物品的工作部门应该做好哪些工作？

答：（1）有中长期地震预报时的工作：①新建的涉及放射性、细菌、电脑系统等部门的建筑。应按基本烈度提高 1～2 度设防；对已有建筑进行检查。对没有达到抗震设防要求的，应采取相应的抗震加固措施。②最好在动力、化工、电力系统的重要机械设备安装自动保护、放散、断闭装置。③做好灭火、防毒、防菌、防放射性的各种器材和药品等物资准备。④做好消防知识普及教育，建立专门消防组织。

（2）当发布短临地震预报后，应做好以下工作：①防震减灾指挥系统的组织落实，配备指挥系统专用的通信、交通工具。②制定易产生次生灾害的重点单位的消防、防爆、防毒分工，制定预防、救治灾害的预案。③建立应急抢险队伍，配备运输、抢险工具。④分散分类保管易燃、易爆、有毒物品，减少库存量，降低存放物品的高度。⑤油库要建筑或加强防护堤，尽力减少库存量，重大石油储存系统应做好防火准备。⑥储气系统要降低压力，停用危险设备。⑦电力系统应检查导线牢固度，加固不稳电杆，切断不使用电路的电源。

60. 什么叫震害预测？

答：震害预测分静态震害和动态震害预测两类，其中静态震害预测主要是指根据土质条件、地下水位深度、地形条件对地震烈度的影响以及对水、火、毒和其他次生灾害的预测；动态震害预测是根据前兆分布特征，同时考虑到气象等因素的影响进行震害预测。

61. 什么是大震预警？

答：大震前出现短暂的、能预示地震即将来临的井水异常、动物习性异常、地声、地光和地震颤动等宏观现象，叫大震预警。这些现象被称为预警现象。在这短暂的预警时间内，采取合理的避震方法，安全脱险的成功率会大大增加。

62. 地震预警与预报的区别是什么？

答：地震领域所谓的"地震预警"是指突发性大震已发生、抢在严重灾害尚未形成之前发出警告并采取措施的行动，即"震时预警"，主要对象是重大设施和生命线工程，如核电站、煤气管道、地铁、高速火车等，并非通常所说的"地震预报"。二者的基本区别是：地震预报是对尚未发生、但有可能发生的地震事件事先发出通告，而地震预警是破坏性地震已经发生、对即将到来的灾害抢先发出警告并紧急采取行动。

地震预报是指有五要素（地点、时间、强度和经济损失、人员伤亡）的预测，对于社会防灾的需要而言。为使地震预报更具体地为减灾服务，更利于政府做出决策，为国民经济和生产服务。它是有区别与地震预警的。

在 2005 年 7 月启动修订 1999 年版《防震减灾法》时，中国地震局对包括地震预警在内的相关内容做了深入调研，并在报告中分别对"震前预警""震时预警"和"震后预警"三种类型进行论述。其中"震前预警"的概念接近于通常意义上的地震预报，"震后预警"则是根据地震趋势判定来预防可能会发生的海啸、泥石流、滑坡等次生灾害。

目前地震预警作为一项制度出现在我国还不成熟，所以没有在 2009 年 5 月 1 日正式施行的《中华人民共和国防震减灾法》修订案中体现。

63. 目前的地震预警方法有哪些？

答：地震预警技术系统一般包括地震检测、通讯、控制与处置、警报发布等组成部分。实现地震预警有三种基本技术途径：一是利用地震波和电磁波传播的速度差异；二是利用地震波本身在近处传播时纵波（P 波）与横波（S 波）传播速度的差异；三是利用致灾地震动强度阈值。

除了"时间差"，科学家们还可以利用地震波最先到达的纵波与主要致害的横波和（表）面波之间的"走时差"，同样达到对工程项目的预警。因为横波造成的地震灾害要比纵波大得多，而传播速度又比纵波慢，正好可以利用它们之间的时间差。不过，纵波与横波传播速度的差异较小，纵波约每秒 6 千米，横波约每秒 3.3 千米，可利用的时间差很小，大约几秒到十几秒内，离震中越近时间差越小，发出预警信息就更难。

64. 什么是大震的预警现象？

答： 在大震前短暂的时间内出现的、能够预示强烈地震即将到来的临震宏观现象，叫作大震的预警现象。例如：

——地面的初期震动，一般是感到"颠动"；

——地声，强烈而怪异，例如听到的声音"好似刮风"，但树梢和地上的菜叶都不动；

——地光，明亮而恐怖，例如有人形容它"亮如白昼，但树无影"。

65. 什么是大震的预警时间？

答： 从地震发生到房屋破坏时间虽然短暂，但仍可以大致划分出三个不同的阶段：地面颠动（先颠），一般伴有声、光等现象，即预警现象出现；地面大幅度晃动（后晃）；房屋倒塌。也就是说，从地面开始颠动到房屋倒塌，有一定的时间差。这个时间差就叫大震的预警时间。

66. 我国地震监测预报的水平和现状如何？

答： 1996 年邢台地震后，在周恩来总理的亲切关怀下，我国开始了大规模的地震监测预报工作。我国的地震观测技术不断改善，地震临测系统正向现代化迈进。全国已在重要地震区、带建立了包括测震、地形变、水动态、水化学、地磁、地电、重力等多种观测项目在内的地震监测台站，还建有地方、企业地震台和地下水点、动物观察点等测报点、哨，在一些地、市、县设立有地方地震工作机构，形成了一个在世界上独具特色、专群结合的大规模的监测预报网络。

我国的地震监测预报：工作居世界先进行列，曾比较成功地预报了 1975 年 2 月 4 日海城 7.3 级、1976 年 5 月 29 日云南龙陵—潞西 7.5 级、1976 年 8 月 16 日四川松潘—平武 7.3 级、1971 年 3 月 23、24 日新疆乌恰两次 6.3 级地震等，尤其是对海城大震做出的短临预报，被公认为是世界上前所未有的先例而载入世界史册。然而，地震孕育发生的规律还没有被完全掌握，当前的预报仍处于根据多年的观测资料和震例而做出的经验性预报阶段。因此，对我国的地震预报水平和状况可用这样一段的概括：对地震孕育发生的原理、规律有所认识；能对某些类型地震做出一定程度的预报；较长时间尺度的中长期预报的可信度较高；短临预报的成功概率还比较低。

我国地震预测预报研究与实践中取得的重要进展有：中国地震预测预报，特别是"地震重点监视防御区"的确定、年度中期预报、短临预报到震后趋势判定都有较大进展，取得了明显的社会效益和经济效益：① 1996～1999 年我国发生的重要影响的 6 级以上地震，均发生在 1996 年 1 月确定的"地震重点监视防御区"内；②年度中期预报水平近年来平均提高 10 个百分点；③对近年发生的有重大社会影响的 6 级以上强震，震后趋势判断迅速、正确，取得突出的社会减灾实效；④对中强地震发生后后续强震的短临预报取得明显进展，曾较成功地预报了 1995 年 7 月 12 日中缅边境云南孟连 7.3 级强震、1997 年 4 月新疆伽师 4 次 6 级以上强震以及 1998 年 11 月 19 日云南宁蒗 6.2 级地震；此外还预报了 1996 年 12 月 21 日四川巴塘 - 白玉 5.5 级、1999 年 11 月 29 日辽宁岫岩 5.4 级等多次 5 级以上地震；⑤在国外大震现场的国际合作中，开创了震后考察与趋势判定的成功范例；⑥总结了取得进展的科学基础、观测基础和技术思路。

67. 为什么要保护地震监测设施和地震观测环境？其保护范围有哪些？

答： 根据《中华人民共和国防震减灾法》的有关规定，中华人民共和国国务院令第409号《地震监测管理条例》（以下简称《条例》）已于2004年6月4日国务院第52次常务会议通过，现予公布，自2004年9月1日起施行。

地震监测系统是做好防震减灾工作的基础。地震监测信息的准确性、及时性、连续性、可靠性是进行震情监测和预报的重要前提条件。因此，保证地震监测系统正常运转和发挥工作效能，保护地震监测设施及其观测环境不受干扰和破环是十分重要的。为适应当前经济建没和防震减灾工作的需要，保障地震监测预报工作的进行和防震减灾目标的实现，使得地震监测设施及其观测环境的保护工作有章可循、有法可依，《条例》的第四章对地震监测设施和地震观测环境的保护作出明确规定：地震监测设施所在地的市、县人民政府应当加强对地震监测设施和地震观测环境的保护工作。任何单位和个人都有依法保护地震监测设施和地震观测环境的义务，对危害、破坏地震监测设施和地震观测环境的行为有权举报。

《条例》第十四条规定：下列建设工程应当建设专用地震监测台网：

（一）坝高100米以上、库容5亿立方米以上，且可能诱发5级以上地震的水库；

（二）受地震破坏后可能引发严重次生灾害的油田、矿山、石油化工等重大建设工程。

《条例》的第十五条明确规定：核电站、水库大坝、特大桥梁、发射塔等重大建设工程应当按照国家有关规定，设置强震动监测设施。

《条例》的第二十六条明确规定：禁止占用、拆除、损坏下列地震监测设施：

（一）地震监测仪器、设备和装置；

（二）供地震监测使用的山洞、观测井（泉）；

（三）地震监测台网中心、中继站、遥测点的用房；

（四）地震监测标志；

（五）地震监测专用无线通信频段、信道和通信设施；

（六）用于地震监测的供电、供水设施。

《条例》第二十八条规定：除依法从事本条例第三十二条、第三十三条规定的建设活动外，禁止在已划定的地震观测环境保护范围内从事下列活动：

（一）爆破、采矿、采石、钻井、抽水、注水；

（二）在测震观测环境保护范围内设置无线信号发射装置、进行振动作业和往复机械运动；

（三）在电磁观测环境保护范围内铺设金属管线、电力电缆线路、堆放磁性物品和设置高频电磁辐射装置；

（四）在地形变观测环境保护范围内进行振动作业；

（五）在地下流体观测环境保护范围内堆积和填埋垃圾、进行污水处理；

（六）在观测线和观测标志周围设置障碍物或者擅自移动地震观测标志。

68. 发布地震预报有哪些权限规定？

答：1988 年 6 月 7 日国务院批准，1988 年 8 月 9 日国家地震局颁布了《发布地震预报的规定》（以下简称《规定》）行政法规。《规定》的核心内容就是规定地震预报必须由政府部门按权限发布，任何单位和个人，包括地震部门和地震工作者在内，均无权发布地震预报。主要条款有：

（1）地震长期预报，由国家地震局组织其他有关地震部门提出，向国务院报告，为国家规划和建设提供依据。

（2）地震中期预报，由国家地震局或省、自治区、直辖市地震部门提出。经有关省、自治区、直辖市人民政府批准，并对本行政区域内的重点监测区做出防震工作部署，同时报告国务院。

（3）地震短期预报和临震预报，由省、自治区、直辖市地震部门提出，经所在省、自治区、直辖市人民政府批准并适时向社会发布，同时报告国务院，涉及人口稠密地区的，在时间允许的情况下，应经国务院批准后再行向社会发布。

（4）北京地区的地震短期预报和临震预报，由国家地震局汇集其他地震部门的预报意见，进行综合分析和组织会商后，提出预报意见，经国务院批准，由北京市人民政府向社会发布。

（5）向各国驻华使馆、外交机构通报地震短期预报和临震预报的工作，由外交部或地方人民政府外事部门，根据省、自治区、直辖市人民政府发布的预报进行组织安排。

（6）在已发布地震中期预报的地区，无论已经发布或尚未发布地震短期预报或临震预报，如发现明显临震异常，情况紧急，当地市、县人民政府可以发布48小时之内的地震临震预报，并同时向上级报告。《规定》还明确指出包括地震部门在内的任何单位和个人，在地震预报意见未经人民政府批准发布之前，均不得向外泄露，更无权对外发布。

69. 什么是地震监测设施？

答： 地震监测设施，是指用于地震信息检测、传输和处理的设备、仪器和装置以及配套的监测场地。

70. 什么是地震观测环境？

答：地震观测环境，是指按照国家有关标准划定的保障地震监测设施不受干扰、能够正常发挥工作效能的空间范围。

71. 除另有规定外，禁止在已划定的地震观测环境保护范围内从事哪些活动？

答：禁止从事下列活动：

（一）爆破、采矿、采石、钻井、抽水、注水；

（二）在测震观测环境保护范围内设置无线信号发射装置、进行振动作业和往复机械运动；

（三）在电磁观测环境保护范围内铺设金属管线、电力电缆线路、堆放磁性物品和设置高频电磁辐射装置；

（四）在地形变观测环境保护范围内进行振动作业；

（五）在地下流体观测环境保护范围内堆积和填埋垃圾、进行污水处理；

（六）在观测线和观测标志周围设置障碍物或者擅自移动地震观测标志。

72. 群测群防在地震预报工作中有什么重要意义？

答：群测群防是指群众性的预测和防御。我国防震减灾工作实行中央同地方、专业同群测队伍相结合的体制和"以预防为主，专群结合，多路探索"的政策。在我国防震减灾工作中，地震预报工作除具有很强的任务性、探索性和社会性外，还具有很强的地方性和群众性。我国地方地震工作和群测群防在地方防震减灾工作中发挥了积极的作用。群测群防是中国防震减灾工作的一大特色。它是我国防震减灾工作的重要组成部分。它的作用主要有：

（1）弥补专业台网和观测手段的不足，提高我国地震监测预报能力。我国幅员辽阔，专业台网密度不足，地方台、企业台、水动态观测网和宏观群测点加强了地区性地震观测网络。

（2）群测群防队伍在地震短临预报中发挥着专业队伍难以替代的作用。由于群测队伍和掌握地震知识的广大群众广布，有效地控制了地震监测范围，并拥有熟悉当地情况、同当地政府联系密切、接近震区等多种有利因素。

（3）群测群防队伍在当好参谋，组织群众防震抗震等方面起着重要作用。群测群防队伍在上情下达和下情上报方面起着关键作用，特别是在地震前兆和临震异常只有一二天，甚至只有几个小时时间，他们能在极短的时间内发现、核实异常，并迅速将信息传递给专业地震部门，这对发布短临地震预报至关重要。

群测群防是推进防震减灾事业发展的成功经验和有效方法，是防震减灾基础性工作。通过建立震害预防"三网一员"工作体系，形成"横向到边，纵向到底"的群测群防网络，有利于广大群众掌握防震减灾知识，提高地震应急避险、疏散、自救互救等综合防御能力，有利于发生破坏性地震时有关信息的及时收集和宏观异常情况上报，为地震预测预报提供第一手信息，提高国家地震台网预报的准确性，进一步做好防震减灾工作，保障人民群众生命财产安全，抓好地震知识宣传教育网、灾情速报网、宏观观测网、防震减灾助理员等"地震三网一员"的工作，切实加强群测群防工作，指导辖区内"地震三网一员"工作人员密切关注自然生态，关注地震宏观现象，及时收集地震宏观、微观异常现象，做好观察、登记、上报工作，从科学的角度提供分析依据和参考，发挥地震"三网一员"人员在地震灾情速报、地震宏观测报、防震减灾宣传工作中的作用，为地震监测预报、地震应急工作做好基础性工作。

73. 地震有前兆吗?

答:地震有的前兆:有岩体在地应力作用下,应力应变在逐渐积累、加强的过程中,会引起震源及其附近物质发生物理、化学、生物和气象等一系列异常变化。

74. 什么是微观前兆?

答:地震生的微观前兆是指人的感官不易觉察,须用仪器才能测量到的震前变化。例如地面的变形,地球的磁场、重力场的变化,地下水化学成分的变化,小地震的活动等。

75. 什么是宏观前兆?

答:地震前的宏观前兆是指人的感官能觉察到的地震前兆。它们大多在临近地震发生时出现,如井水的升降、变浑,动物行为反常,地声、地光等。

76. 常见的地震前兆有哪些?

答:地震前,在自然界发生的与地震有关的异常现象,称为地震前兆,它包括微观前兆和宏观前兆两大类。常见的地震前兆现象有:(1)地震活动异常;(2)地震波速度变化;(3)地壳变形;(4)地下水异常变化;(5)地下水中氡气含量或其他化学成分的变化;(6)地应力变化;(7)地电变化;(8)地磁变化;(9)重力异常;(10)动物异常;(11)地声;(12)地光;(13)地温异常,等等。

77. 如何识别宏观异常?

答:自然界的许多奇异变化,并不都是地震前兆,要注意识别震兆和非震兆。一般地震前的宏观异常有如下几个特点:(1)宏观异常的分布受地震构造控制,多呈条带状、象限状或与本地区地质构造线分布有关；（2）异常在时间上有同步性，数量上有集中性，体现出种类多、范围广、数量大。

78. 地声有什么特征，与哪些声响容易混淆？

答：地震前可发生的宏观现象有：地声是地震来临的一种信号。它一般出现于震前几分钟至几秒钟。地声多是一种沉闷的声音，如雷声、炮声、撕布声、狂风呼啸声、山洪咆哮声、拖拉机和重型汽车开过来的声音等。地声容易与风声、雷声、汽车和拖拉机及飞机的轰鸣声及其他噪声相混淆。

79. 为什么动物在强震前会有异常反应？

答：动物的某些器官特别灵敏，地震前，由于大地物理场、化学场发生改变，产生一系列振动，电、磁、气象、地温等变化，使动物的某种感觉器官受到刺激而发生行为异常。

80. 震前地下水有哪些异常变化？

答：①水位、水量的反常变化。如天旱时节井水水位上升，泉水水量增加；丰水季节水位反而下降或泉水断流。有时还出现井水自流、自喷等现象。

②水质的变化。如井水、泉水等变色、变味（如变苦、变甜）、变浑、有异味等。

③水温的变化。水温超过正常变化范围。

④其他。如翻花冒泡、喷气发响、井壁变形等。

81. 震前动物行为异常有哪些表现？

答：地震前，动物行为异常有：

惊恐反应如大牲畜不进圈，狗狂吠，鸟或昆虫惊飞、非正常群迁等。

抑制型异常如行为变得迟缓，或发呆发痴，不知所措；或不肯进食等。

生活习性变化如冬眠的蛇出洞，老鼠白天活动不怕人，大批青蛙上岸活动等。

82. 为什么动物在强震前会有异常反应？

答：动物的某些器官特别灵敏，地震前，由于大地震物理场、化学场发生改变，导致产生一系列的振动，电、磁、气象、地温等变化，使动物的某种感觉器会受到刺激而使其发生行为异常。

83. 地光有何特征？

答：综合目睹者的描述可知地光有以下特征：地光的形状有条带状、片状、球状、柱状、闪光状和弥漫状等。颜色有兰、红、白、黄、橙、绿等，此外还有一些是复合色光，如银白色、白紫色、绿青色等。地光的持续时间也不相同，多数可持续几秒钟至几分钟，极个别的也可持续到半个小时左右。

84. 什么叫地震云？

答：地震云是指地热聚集于地震带，或地震带岩石受强烈应力作用发生激烈摩擦产生大量热量，这些热量逸出使空气增温产生上升气流形成"地震云"。"地震云"与地震成因机制有何关联，有待进一步考证。也就是说，地震云仅一种并非必震的前兆现象。

首先提出"地震云"的不是地震学家，而是一位政治家，即日本前福冈市市长键田忠三郎，他在经历日本福冈 1956 年的 7 级地震时，看到天空中有一种非常奇特的云，以后只要这种云出现，总有地震相伴，所以称其云为"地震云"。早在 17 世纪中国就有"昼中或日落之后，天际晴朗，而有细云如一线，甚长，震兆也"的"地震云"记载。世界各国对于"地震云"的研究还是最近几年的事。我国对"地震云"的研究在 1976 年唐山大地震之后。

由于地震成因的繁杂性，现代科学还很难揭示地壳复杂结构与前兆间的内在联系，对地震前兆特点的认识还很粗浅，不同地区和类型的地震，其前兆出现的时间、类型、空间分布等皆有很大的差别。因此，不可将什么异常都与地震联系起来。

85. 震前气象有哪些异常？

答：人们常形容地震预报科技人员是"上管天，下管地，中间管空气"这的确有道理。地震之前，气象也常常出现反常。主要有震前闷热，人焦灼烦躁，久旱不雨或霪雨绵绵，黄雾四塞，日光晦暗，怪风狂起，六月冰雹，等等。

所以必须综合其他前兆信息研究才能作出较为符合实际的预报。

86. 小震闹，大震必然到吗？

答："小震闹，大震到，地震一多一少快报告"。这是以震报震的生动谚浯。在预报前震—主震型的大地震中，起到了一定作用。在前震—主震型的大地震中，震前频繁的小震活动可以作为临震预报的一种重要依据。但是，前震频繁的主震型地震在全世界所有地震中占 1／3，还有些主震型地震的前震活动集中在主震前 1～2 秒钟，想预报也来不及。事实上，有些地方小震活动频繁，却没有发生大地震。所以，在用小震报大震时，应进一步研究和掌握本地区地震活动特点和规律，结合地震活动性和前兆资料综合分析进行预报，才能将其作为地震预报的唯一方法。

87. 何谓余震的双重属性?

答:余震泛指主震后震区陆续发生的较小地震。大地震发生后,震源处积蓄的能量不可能一次性释放而完成失稳:一是新的平衡演变过程,剩余能量必将以蠕变和次级地震的形式释放;其次,震源区附近地质体、地球物理场产生变动来协调失稳后的调整效应。加之,震源处及附近的环境突然瞬间变更,地震波又于地壳内部传播影响,极易诱导、触动邻近地区处于临界状态震源发震。由此可见,余震具有剩余能量释放与诱导后续地震的双重属性,于是可以划分为剩余型和诱导型两大类型。

第三章　防震减灾知识问答

第三章　防震减灾知识问答

88. 为什么说邢台地震是我国防震减灾史上的里程碑?

答: 1966 年 3 月 8 日、22 日河北省邢台地区发生了 6.8 级和 7.2 级强烈地震。这次地震是新中国成立以来, 首例发生在人口稠密地区, 造成严重灾害的地震事件。邢台地震使河北省 80 个县、市约 560 万人口受灾, 死亡 8064 人, 38451 人受伤, 毁坏房屋 500 多万间, 周边 9 个省、自治区、直辖市的 130 个县、市受到不同程度的损失和影响, 直接经济损失约 10 亿元。为此党中央、国务院极为关切, 地震后派出慰问团。周恩来两次亲临地震区慰问受灾群众和指挥抗地震救灾工作。他对地震工作提出"以预防为主、实行专群结合, 土洋结合的方针, 争取用一代或两代的时间, 解决地震预报问题"和"虽然地震的规律是国际间都没有解决的问题, 我们应发扬独创精神, 来努力突破科学难题"的指示。遵照周总理的指示精神, 中国科学院、地质部、石油部、国家测绘局及有关大专院校 30 多个单位, 450 多名科技工作者聚集邢台地震区, 展开了地震烈度、地震害、发地震构造及宏观观象的考察, 进行了地震活动性、重力、地磁、地电、地形变、地下水、地应力及动物习性等各种观测, 对余地震进行综合监测等科研活动。自此我国地震科学改变了仅据国民经济建设的要求做烈度区划工作的状况, 开始了大规模的、有组织的, 有科学理沦指导, 有群众参与的地震预报的社会实践和在国际上率先进行的防地震减灾事业。为此自邢台地震后中国地震事业进入了全面发展的新阶段, 不仅明确了预防为主的防地震减灾工作方针和地震预报这一主攻目的, 而且, 提出了在国家支援下"自力更生、奋发图强、发展生产、重建家园"的抗地震救灾方针, 开创了我国防地震减灾事业的新篇章。所以, 邢台地震既是我国地震预报工作的起步, 也是我国防地震减灾蓬勃发展的开端, 还是我国地震科学史上的转折点, 因而成为我国防地震减灾发展史上的里程碑。

89. 当前我国地震形势怎样？我国采取了哪些工作方针和防震减灾措施？

答：我国地震活动形势为：我国大陆地震活动进入新的活跃期，2011 年大陆西部最大地震为 2011 年 2 月 1 日云南盈江 4.8 级和 2 月 4 日青海海西、新疆若羌交界 4.8 级地震，特别是我国境外中强地震相对活跃，2011 年 2 月 4 日在距我国边境 260 千米处发生缅甸、印度交界 6.4 级地震，2011 年 2 月 24 日在距我国边境 120 千米处发生蒙古 5.6 级地震。2011 年 3 月 11 日在日本本州东海岸附近海域（北纬 38.1，东经 142.6）发生 8.8 级地震，我国大陆受印度板块推挤作用的动力构造结附近发生 2011 年 3 月 24 日在缅甸（北纬 20.8，东经 99.8）发生 7.2 级地震。2010 年以来全球 7 级以上地震活跃，共发生 34 次 7 级以上地震，明显高于 18 次的年平均活动水平。

我国地震活动的时间分布具有活动和平静交替轮回的特征。20 世纪以来，大陆地区已经历了六个地震活跃幕，每个活跃幕都有十几次 7 级以上大地震发生。从 20 世纪 80 年代中后期开始，地震活动进入了第五个活跃幕。专家们预测，这个活跃幕将持续到 20 世纪末，期间也与上个地震活跃幕一样，可能有 10 次左右七级以上大地震发生，甚至可能发生 8 级巨大地震。

面对严峻的地震形势，我国制定了"预防为主、平地震结合、常备不懈"和"依靠科学进步，发挥政府的减灾职能，提高全民族的防地震减灾意识，增强综合防御能力，最大限度地减轻地震灾害，为国民经济建没州社会进步服务"的防地震减灾工作方针，为进一步统一各级领导、地震减灾有关部门及科学工作者、广大公众的认识，明确新的地震活跃期中的奋斗目标和任务，1994 年，我国正式提出"在各级政府和全社会的共同努力下；争取用 10 年左右的时间，使我国的大中城市和人口稠密、经济发达地区具备抗御 6 级左右地震能力"的防地震减灾十年奋斗目标。在此基础上，指出了"九五"期间我同防地震减灾工作的目标是："在各级人民政府的领导下，依靠科技进步和社会的共同努力，首先使我国重点监视防御区的大中城市基本具备抗御6级左右地震的能力，以此带动全国大中城市和人口稠密、经济发达地区地震综合防御能力的提高。为在全面实现防地震减灾十年目标打下扎实的基础。"

中国地震局综合考虑地震情、灾情及国民经济和社会发展规划，在总结多年来地震趋势方面研究成果的基础上，经认真研究、论证确定了今后一段时期（10年或更长一段时间）的重点监视防御区，同时，提出了加强防地震减灾工作的意见，指出：鉴于目前的预测科学水平有限，末划入地震重点监视防御区的地区也不完全排除发生破坏性地震的可能性，因此，也应认真做好防地震减灾工作；另外，要求全国党政机关、人民团体、基层企事业单位根据本行政区的地震情形势，按常规、强化、应急和救灾等方面对全民进行普及地震知识、防地震救灾知识、防地震减灾知识等的宣传，从而提高全民抵御地震灾害的能力；为了加强对破坏性地震应急活动的管理，减轻地震灾害损失，保障国家财产和公民人身安全，维护社会秩序，1995年2月11日。国务院颁布了李鹏总理签署的172号令，即《破坏性地震应急条例》，《条例》明文规定：根据地震灾害预测，可能发生破坏性地震地区的县以上政府、各部门都应制定破坏性地震应急预案；防地震减灾行政管理部门总结了新中国成立以来防地震减灾工作的经验和教训，提出：在党和政府的领导下，充分发挥各级政府防地震减灾职能，动员社会公众积极参与，防救结合，采取地震监测预报、地震灾预防、地震应急和地震救灾与重建等四种途径减轻地震灾害的综合防御措施。

90. 防震减灾的涵义是什么？

答： 防震减灾是防御与减轻地震灾害的简称，是对地震监测预报、地震灾害预防、地震应急和震后救灾与重建等活动的高度概括。

91. 我国抗震防灾工作的基本原则是什么？

答： 平震结合，全面规划，综合防御。

92. 我国抗震防灾工作的目标是什么？

答： 在遭遇地震破坏时，保障城市要害系统的安全，保障震后人民生活的基本需要；对城市生命线工程应基本不受影响，重要工矿企业和关系到国计民生的关键部门不致严重破坏或能迅速恢复生产；对可能引起次生灾害的重要设施不致产生严重后果；对量大面广的居住建筑和重要公共建筑、指挥部门不致造成严重破坏或倒塌。

93. 我国城市防震减灾的总目标是什么？

答： 我国城市防震减灾的总目标是：（1）在遭遇破坏性地震时，能切实保障城市要害系统安全，保障震后人民生活的基本需要；（2）城市生命线工程应基本不受影响；（3）重要工矿企业和关系到国计民生的关键部门不致严重破坏或能够迅速恢复其功能；（4）对可能引发次生灾害的重要设施不致产生严重后果；（5）对量大、面广的居民建筑，重要公共建筑和指挥部门的建筑物不致造成严重破坏或倒塌。

94. 我国地震工作的主要任务是什么？

答： （1）地震监测；（2）地震预报；（3）震害防御；（4）地震应急；（5）地震救灾与重建。

95. 抗震防灾工作的指导方针是多少？

答：以预防为主，常备不懈。

96. 抗震防灾对策的主要内容是什么？

答：主要包括生命线系统防灾措施、生产（科研、教学）系统防灾措施、防止地震直接灾害措施、防止地震次生灾害措施、防止地震人为灾害措施、避震疏散、震前应急准备、震时自救互救和震后抢险救灾等方面的内容。

97. 减轻区域地震灾害的对策是什么？

答：减轻区域地震灾害的对策是制定和实施"区域抗震防灾综合防御体系"。这是一项系统工程，是超越行政区划界域的特定区域内减轻地震灾害的高层次的、战略性的综合对策，它的内容包括社会的、经济的、行政管理的、科学技术的各项减灾措施，既有点、线、面相结合，又有"条块"结合，上下左右结合和远近期结合的对策和措施。

98. 各级政府在防震减灾工作中的主要职能是什么？

答：各级政府在防震减灾工作中的主要职能是决策、组织、指挥、协调和监督。

99. 我国防震减灾工作机构如何设置？

答：我国防震减灾工作机构大致可分三个层次。中国地震局是国务院地震工作主管部门；省（自治区、直辖市）地震局是辖区省级地震工作主管部门；地、县地震局（办）是辖区基层地震工作主管部门。

100. 我国防震减灾工作重点是什么？

答： 国务院《关于进一步加强防震减灾工作的通知》（国发〔2000〕14号）明确指出：我国当前和今后一个时期，防震减灾工作的重点是切实建立健全地震监测预报、震灾预防和紧急救援三大工作体系。

101. 我国地震救灾的基本策略是什么？

答： 我国地震救灾的基本策略是：

（1）实行以预防为主的救灾体制；

（2）实行以行政区域为主的组织指挥；

（3）发挥军队、民兵和各专业救灾队伍作用。

102. 什么是地震对策？

答： 地震对策是人类旨在减轻地震自然灾害、获得社会经济效益的最佳战略战术。

（1）把大城市和城市群地震安全作为重中之重，逐步向有重点的全面防御拓展。

（2）加强地震科技创新能力建设，提高防震减灾三大工作体系发展水平。

（3）全面提升社会公众防震减灾素质，形成全社会共同抗御地震灾害的局面。

103. 国家地震社会服务工程是什么？

答： 国家地震社会服务工程是：建设建筑物、构筑物地震健康诊断系统和震害预测系统，实施城市群与大城市震害防御技术系统示范工程和地震安全农居技术服务工程，建设国家灾害性地震、海啸、火山等预警系统，建设灾情速报与监控系统，构建地震应急联动协同平台，完善国家地震救援装备和救援培训基地，提升国家地震安全社会服务能力。

104. 在防震减灾方面，我国将采取什么对策？

答：在防震减灾方面，我国的基本对策是以预防为主，综合防御，认真做好地震监测预报、地震灾害预防、地震应急、地震后救灾和重建四个环节的工作。

105. 1994 年联合国大会决议将国际减灾日定为哪一天？

答：1994 年联合国大会决议将国际减灾日定为每年 10 月的第二个星期三。

106. 为什么说城市是防震减灾工作的重点？

答：防震减灾工作的重点是：城市是国家或地区政治、经济、文化的中心，是人口、财富、信息的集中地。城市地震灾害往往人员伤亡重，经济损失大，社会影响广。

随着城市的现代化建设，人们的生活、生产相互依赖性增强，一旦发生破坏性地震，生命线工程遭到破坏，例如供水、供电、供气系统遭到破坏，就难以保证灾后人们的基本生活。

城市地震灾害具有连续性，引起次生灾害和信息储备系统毁坏从而造成社会动荡。

城市地震也易于造成地震心理灾害，形成盲目避震、谣言传播，引起社会混乱。

107. 我国农村防震减灾的长远目标是什么？

答：我国农村防震减灾的长远目标是：（1）逐步改变农村建筑材料的构成；（2）逐步改变农村的建筑习惯，用抗震性能好的结构形式、构造措施和施工技术，代替传统的对抗震不利的结构形式、构造措施和施工方法；（3）加强地震和防震减灾知识的普及，使防震减灾成为农民的实际行动和自觉需要。

108. 什么是地方地震工作？它的工作方向和任务是什么？

答：地方地震工作是增强地震临测预报能力、提高全民防灾意识与功能、配合政府组织防御与减轻地震灾害等方面，有着重要作用。地方地震工作的方向是：致力于地震科学技术的推广和应用，提高全民的防地震意识，最大限度地防御与减轻地震灾害，为当地经济建没和社会发展服务。

地方地震工作的基本任务是：

（1）为增强全国与区域地震台网的监测能力。根据当地震情的实际需要和可能条件。因地制宜地实施地震监测系统、数据系统、地震通信系统的合理布局、建设与运作管理；建立群众性地震宏观前兆信息测报网点；向上级和有关地震部门报送地震监测资料。

（2）在地震中长期预报的基础上，进行地震短临预报分析；按有关规定上报、传递地震预报信息。

（3）开展地震宣传和地震科学知识的普及教育，提高民众的防灾意识与社会减灾功能。

（4）开展工程地震、地震害预测、地震灾评估、地震应急对策等工作，推动社会全面防御及减轻地震灾害工作的进行。

（5）开展地震科学技术与地震社会学的应用研究，推广应用地震科技成果，不断提高地震工作科学技术水平。

（6）负责本行政区内地震安全性评价工作的管理和监督，为城乡建没提供抗地震设防标准。

地方地震工作是由县以上各级地方政府直接领导，主要为当地社会经济发展服务，列入地方社会经济发展规划、计划及地方财政预决算管理的地震工作，属于当地社会防灾公益事业，承担地区性防地震抗地震工作。地方地震工作致力于地震科技的推广与应用，提高全民族防地震意识，最大限度地防御与减轻地震灾害，为当地的经济建设和社会发展服务的机构。

地方地震工作如何实现防地震减灾目标，从而适应社会现实的需要，并积极发挥自身的作用，是理论和实践上颇值探讨的重要问题。

109. 抗震防灾规划有哪几个层次？

答：区域综合防御体系；城市抗震防灾规划：单位抗震防灾规划；单位抗震防灾对策；人流集中场所及特殊行业的抗震防灾应急预案。

110. 城市抗震防灾规划包括哪些内容？

答：城市抗震防灾规划包括地震危险性分析、场地区划、建筑工程震害预测及防灾对策四部分以及震后恢复重建、规划的实施与管理等。前三者是基础性工作，是编制规划和对策的依据，抗震防灾规划的重点是防灾对策。

111. 抗震防灾规划的指导思想是什么？

答：一是认真贯彻党中央、国务院关于"预做准备，减少损失"和"以预防为主"的指导方针。二是突出"四个立足点"，即在指导思想上，要立足于平时和震时的结合，使其不断地完善和提高；在防灾对策上，要立足于突发性地震和大震、夜震，做到有备无患，临震不乱，防患于未然；在应急措施上，要立足于自救和互救，争取最佳时间，减少人员伤亡；在恢复重建上，要立足于自力更生，坚持先重点，后一般，先生活、后生产的原则。

112. 2006～2020 年我国防震减灾的主要任务是什么？

答：2006～2020 年我国防震减灾的主要任务是：加强监测

基础设施建设，提高地震预测水平；加强基础信息调查，有重点地提高大中城市、重大生命线工程和重点监视防御区农村的地震灾害防御能力；完善突发地震事件处置机制，提高各级政府应急处置能力。

（1）开展防震减灾基础信息调查。

（2）建立地震背景场综合观测网络。

（3）提高地震趋势预测和短临预报水平。

（4）增强城乡建设工程的地震安全能力。

（5）加强国家重大基础设施和生命线工程地震紧急自动处置示范力度。

（6）强化突发地震事件应急管理。

（7）完善地震救援救助体系。

（8）全面提升社会公众防震减灾素质。

113. 中国地震背景场探测工程是什么？

答：中国地震背景场探测工程是：在中国大陆建设或扩建测震、强震动、重力、地磁、地电、地形变和地球化学等背景场观测系统，在中国海域建设海洋地震观测系统，在我国重要火山区建设火山观测系统，完善地震活动构造及活断层探测系统，建设壳幔精细结构探测系统，以获取地震背景场基础信息。

114. 国家地震预报实验场建设是什么？

答：在中国大陆选择两个地震活动性高且地质构造差异显著的典型区域，建设测震和地震前兆密集观测系统，建设地震活动构造精细探测系统，建设地震孕震实验室和地震数值模拟实验室，建设地震预测系统和地震预报辅助决策系统。

115. 为什么要开展新建工程抗震设防工作?

答：一是近年来发生破坏性地震使新建工程大量倒塌给我们的启示；二是新建设防是提高建筑物抗震能力的根本措施；三是新建工程抗震设防工作标志着我国防震减灾、工程抗震工作标准化、规范化水平的提高。

116. 国家地震社会服务工程是什么?

答：建设建筑物、构筑物地震健康诊断系统和震害预测系统，实施城市群与大城市震害防御技术系统示范工程和地震安全农居技术服务工程，建设国家灾害性地震、海啸、火山等预警系统，建设灾情速报与监控系统，构建地震应急联动协同平台，完善国家地震救援装备和救援培训基地，提升国家地震安全社会服务能力。

117. 国家地震专业基础设施建设是什么?

答：完善中国地震通信和数据处理分析等信息服务基础设施建设，实施地震数据信息灾难备份，建设地震观测实验室，建设地壳运动观测实验室，建设国家防灾高等教育基地，完善国家和区域防震减灾中心，推进标准和计量建设，进一步提升国家地震基础设施支撑能力。

118. 为什么要搞好地震知识的普及和宣传工作? 如何搞好这项工作?

答：地震、地震预报及其防震减灾具有强烈的社会性，在尚不能准确预报地震的今天，民众难以理解地震预报的艰巨性、复杂性，往往将震后总结误为震前预报或将内部会商意见流传到社会，从而引起社会混乱；绝大多数民众或部分领导部门不知道震前、震时、震后自己应做哪些防震减灾工作；目前，地震书刊大多都是专业性很强的专家语言和概念。因此，要使社会各界和广大民众都能自觉地对地震、地震预报和防震减灾采取正确的社会行动，使之掌握地震和防震常识，增强地震监测能力和抗御地震的自觉性，使广大民众增强对地震谣言、谣传的识别和抵制能力，减少无震损失等，就必须开展地震知识的普及与宣传工作。防震减灾与地震知识的普及、宣传可以使各级领导懂得地震灾害的严重性，还能掌握一定的地震对策常识，这样就能在思想上、组织上和物质上对防震减灾均有所准备，震后组织实施救灾对策。地震知识的普及与宣传是一项带有战略性的、经常性的工作，搞好这项工作可以起到减轻地震灾害的作用。

在防震减灾宣传工作中，要坚持"预防为主，平震结合，常备不懈""自力更生，艰苦奋斗，发展生产，重建家园"的方针和因地制宜、因时制宜、经常持久、科学求实的原则。在重点地震监视防御地区或发布中、短期地震预报的地区及其周边地区进行强化宣传；在政府发布短临预报意见的地区和发生中强地震的地区进行应急宣传；地震灾害发生后应进行救灾宣传。宣传内容包括：我国地震科学水平，地震工作方针政策和各项法规；地震基本知识、防震避震知识及自救互救知识。

防震减灾是一个十分敏感的问题，各级政府和党委宣传部门、防震减灾工作部门、新闻舆论部门及其有关部门在宣传时要注意策略，讲究方法，突出重点，严守宣传纪律。严肃认真地做好防震减灾宣传工作。地震知识的普及与宣传还可以吸引社会上致力于人类公益事业发展的有志之士投身于地震行列，促进地震科技发展。

119. 如何对待地震谣言和谣传？

答：地震谣言是无确切原因和来源，无中生有，由正规途径传播到社会上，以致蔓延扩散的所谓将要发生地震的消息。地震谣传是有一定原因和来源，通过某些正规途径传播或泄露，以致以讹传讹，蔓延扩散的所谓将要发生地震的消息。当谣言或谣传正在传播时，可采取紧急平息对策，即掌握情况，弄清事实；注意群众心理异态，讲清地震形势；注意科学性和政策性；广泛利用各种宣传途径和通信工具，下达政府的权威性辟谣文件；加强地震科普知识的宣传教育；充分发挥地方地震机构的作用。

为了防止谣传和误传发生，可采取平时预防对策，即开展抗震加固工作；严守地震趋势会商机密，严格控制预报的发布；提高地震监测和地震预报的水平；发挥地方地震机构作用，开展经常性的地震科普宣传工作；进一步加强地震社会学的研究工作。

120. 新建工程抗震设防质量检查监督的主要内容是什么？

答：主要内容包括：（1）地基与基础工程；（2）承重墙与非承重墙工程；（3）独立柱、构造柱、框架梁柱及其节点；（4）各种形式的屋盖及其支撑系统；（5）楼梯间、电梯间、天井、竖向通道；（6）地梁、圈梁、连系梁、挑梁；（7）女儿墙、挑檐；（8）建（构）筑物遭受地震影响时，易出现塌落和损坏的部位；（9）各种混凝土预制构件及金属连接件；（10）建（构）筑物使用后易出现质量问题的部位。

121. 什么是强余震的防范重点？

答：由于地球不断运动和变化，逐渐积累了巨大的能量，在地壳某些脆弱地带，造成岩层突然发生破裂或者引发原有断层的错动，即发生地震。能量充分释放需要一个过程，主震后一般都有余震发生，但余震也有强有弱，比较小的余震只能引起轻微的地面震动，不容易引发灾害，而强余震则很可能引发受损建筑物的进一步破坏或倒塌，造成新的伤亡。因此，强余震的预测和防范是重点。

122. 简要说明山区防范强余震的关键有哪些？

答：不同类型的地区防范强余震的重点不同总得说来，山区防范强余震主要有以下几个关键：

一是防范次生灾害的发生。该区存在大量山体滑坡、崩塌、滚石、堰塞湖、水库等隐患，加上灾区最近几天降雨不断，一旦强余震发生，这些隐患很可能引发交通堵塞、水灾和新的人员伤亡，必须尽早采取防范措施。

二是防范房屋进一步破坏伤人。房屋的位置和受损程度不同，应采取不同的防范措施。位于滑坡体上或位于滑坡体下方的房屋非常容易遭到重大破坏，不要居住；已经遭到严重破坏而未倒塌的房屋不要居住。

三是平房和楼房采取不同的防范措施。对于没有受到损坏、损坏较轻且远离次生次灾害源的房屋，可以入住，但要采取防范措施。居住在平房的人员，要打开门窗，提高警惕，感到地面震动及时逃离房屋；居住在楼房的人员，要提前有所准备，如果遇到地震不要采取跳楼、坐电梯等避震行为，紧急伏在床下、小跨间房屋里或蹲伏在两个桌子中间狭小空间，待震后迅速撤离。

123. 如何引导公众自觉掌握防震知识？

答：防震、避震知识非常丰富，包括地震基本知识、正确识别地震传言知识，各种条件下避震知识，受伤条件下自救、互救知识等。一是要加强对公众的科普宣传，引导公众自觉、主动掌握；二是要引导家庭准备好应急预案，开展家庭紧急避险、撤离与疏散的演练活动；三是要开展多种条件下应急避险演练。

124. 为什么要进行防震演习？

答：防震演习是一种大众化的、大覆盖面的高效能的地震和防震对策知识宣传以及模拟防震救灾的实践活动。通过防震演习，一方面使广大人民群众了解并掌握防灾、避震、脱险及相互救治的知识和本领，了解并掌握减少或避免次生灾害发生以及有效地减少次生灾害伤亡和损失的常识和措施。提高全社会的防灾意识，增强人民群众对灾害的承受能力和搞御能力。另一方面，通过防震演习，提高各级政府部门的防灾减灾的组织指挥功能，地震一旦发生，各岗位人员都能熟练地采取相应的紧急对策措施，实施自救互救和修复交通、通讯、供水、供电工程，确保救灾对策实施，达到最大限度地减轻地震灾官。

125. 如何预防地震次生灾害?

答：（1）制定防止地震次生灾害应急预案并付诸实施；

（2）平震结合，切实加强对次生灾害源的管理；

（3）加强对次生灾害类源岗位人员的专业培训，提高其应变能力；

（4）经常检查，消除隐患，备足抢险器械。

126. 什么是区域抗震防灾综合防御体系?

答：减轻区域地震灾害的对策是制订和实施"区域抗震防灾综合防御体系"。这是一项系统工程，是超越行政区划界域的特定区域内减轻地震灾害的高层次的、战略性的综合对策，它的内容包括社会的、经济的、行政管理的、科学技术的各项减灾措施，既有点、线、面相结合，又有"条块"结合，上下左右结合和远近期结合的对策和措施。

127. 中国是世界上遭受地震灾害最严重的国家，其主要原因是什么?

答：中国是一个多地震的国家，有"地震国"之称。我国的多地震国家的原因有：一是我国地处太平洋地震带和欧亚地震带所围限地区，地震活动频繁。二是我国地震具震源浅、强度大、分布范围广特征。地震绝大多数是浅源地震（震源埋深 10 几至 30 千米），因此，对地面建筑物和工程设施破坏严重。三是我国地震区的大中城市多。我国大部分城市位于地震烈度 Ⅵ 度地区，有一半位于 Ⅶ 度以上的地区。四是我国建筑物抗震性能差。广大农村建筑房屋时大都忽视质量和抗震性能，如果遭遇 5 级左右的地震就会发生破坏。而城市，1974 年我国颁发第二部《工业与民用建筑抗震设计规范》，之前所建房屋和工业设施部没有进行抗震设计和施工，不能抗御中强以上地震。五是人们的防震减灾意识薄弱。我国强震的重演周期长，一般在百年乃至数百年，这样长时间的强震活动平静，使人们渐渐淡忘了那些强烈地震造成的惨重教训，思想上产生麻痹，放松防震警惕，以致造成新的地震灾害悲剧。

128. 第一台地动仪是谁发明的？

答： 世界上第一台地动仪（候风地动仪）是公元 132 年我国东汉科学家张衡发明的。

129. 唐山地震的具体情况如何？

答： 1976 年 7 月 28 日 3 时 42 分 53.8 秒，中国河北省唐山、丰南一带发生了强度为里氏 7.8 级地震，震中烈度 Ⅺ 度，震源深度 12 千米，地震持续约 12 秒。强震产生的能量相当于 400 颗广岛原子弹爆炸，地震造成 242769 人死亡，16.4 万人重伤，名列 20 世纪世界地震史死亡人数之首，仅次于陕西华县特大地震（明嘉靖关中大地震）。

130. 汶川地震的具体情况如何?

答: 2008 年 5 月 12 日 14 时 28 分 04 秒,中国四川省阿坝藏族羌族自治州汶川县映秀镇与漩口镇交界处发生了强度为里氏 8.0 级地震。根据中国地震局的数据,严重破坏地区超过 10 万平方千米。地震烈度达到 9 度。地震波及大半个中国及亚洲多个国家和地区。北至辽宁,东至上海,南至香港、澳门、泰国、越南,西至巴基斯坦均有震感。

截至 2008 年 9 月 18 日 12 时,汶川大地震共造成 69227 人死亡,374643 人受伤,17923 人失踪。是中华人民共和国成立以来破坏力最大的地震,也是唐山大地震后伤亡最严重的一次。

131. 我国历史上发生过哪些 8.0 级以上的地震?

答: 据 1988 年版《中国地震简目》(B.C.780—A.D.1986. $M \geqslant 4.7$)及最近的地震活动情况统计,我国发生了 8 级以上地震 21 次(如下表)。

中国 $M \geqslant 8.0$ 级地震目录

地震时间 年 月 日	震 中 位 置			震级
	北纬(度)	东经(度)	地　　区	
1303－09－17	36.3	111.7	山西洪洞、赵城	8
1411－09－29	29.7	90.2	西藏当雄	8
1556－01－23	34.5	109.7	陕西华县	8
1604－12－29	25.0	119.5	福建泉州海外	8
1654－07－21	34.3	105.5	甘肃天水南	8
1668－07－25	34.8	118.5	山东郯城	8.5
1679－09－02	40.0	117.0	河北三河—平谷	8
1739－01－03	38.8	106.5	宁夏平罗—银川	8
1812－03－08	43.7	83.5	新疆尼勒克东	8
1833－08－26	28.3	85.5	西藏聂拉木	8

地震时间 年 月 日	震 中 位 置			震级
	北纬（度）	东经（度）	地　区	
1833 — 09 — 06	25.0	103.0	云南嵩明杨林	8
1879 — 07 — 01	33.2	104.7	甘肃武都南	8
1902 — 08 — 22	39.9	76.2	新疆阿图什附近	8.3
1920 — 06 — 05	23.5	122.7	台湾花莲东南海	8.0
1920 — 12 — 16	36.7	104.9	宁夏海原	8.5
1927 — 05 — 23	37.7	102.2	甘肃古浪	8.0
1931 — 08 — 11	47.1	89.8	新疆富蕴附近	8.0
1950 — 08 — 15	28.4	96.7	西藏察隅墨脱间	8.6
1951 — 11 — 18	31.1	91.4	西藏当雄西北	8.0
1972 — 01 — 25	22.6	122.3	台湾炎烧岛东海	8.0
2008 — 05 — 12	31.0	103.4	四川汶川	8.0

132. 什么叫地震社会学？包括哪些主要内容？

答：运用社会学的理论和方法，综合研究地震对社会、经济的影响，以及社会政治、经济、文化对地震灾害防御和震后恢复能力的一门社会学，叫作地震社会学。地震社会学分为狭义地震社会学和广义地震社会学。为探索最佳地震预报决策模式，消除地震预报可能产生的消极影响，狭义地震社会学主要着眼于地震预报引起广泛的社会影响和预报失败引起的社会经济损失及其赔偿、预报的法律责任等问题。而广义地震社会学着眼于探索地震预报、防震抗震和救灾的战略与战术，它不仅研究地震预报对社会、经济、心理等方面的影响，而且研究地震及其灾害对社会以及社会对地震防灾减损等方面的影响。

地震社会学的主要研究内容有：地震预报对社会影响，地震谣言、误传和虚报对社会影响，地方地震工作及群测群防工作，城市地震防灾，地震救灾，地震损失估计，地震的社会心理影响及地震灾害行为、地震经济学及地震保险、地震法学、地震对策决策等，以最大限度地减轻地震灾害。

133.我国编制的《建筑抗震设计规范》已有几代，其名称分别是什么？

答：目前已有 5 代，分别是：工业与民用建筑抗震设计规范 TJ11–74，工业与民用建筑抗震设计规范 TJ11–78；建筑抗震设计规范 GBJ11–89；2001 年出台的 GB50011–2001 规范。汶川地震后，重新修订后的 GB50011–2008 规范。

134.区域不同震级档强震构造标志分析方法是什么？

答：区域不同震级强震构造标志的分析应从新构造活动性、断裂活动性、地球物理场结构特点、现今应力场状态几个主要方面，区分出不同震级档、归纳总结相应的强震构造标志。

① $M_u \geq 8.0$ 发震构造具有多学科方面的典型特征，并且应特别注意分析、揭示其深部构造与结构的特殊性，特别注意其走滑不破裂特性；

② $M_u \geq 7.0$ 发震构造应特别注意其相关构造新活动的尺度；

③ $M_u \geq 6.0$ 发震构造应侧重于地震活动与相关地质构造的结合分析方面，单方面证据均不足以判定潜源。

135.区域地球动力学模型怎样确定？

答：区域地球动力学模型为把握区域构造活动与地震活动总体水平提供更大范围的动力学背景资料。其建立一般仅限于Ⅰ级工作。

应收集区域及更大范围内地震、地质、现今地壳形变和地球物理资料，在板块构造动力学与运动学框架下，编制地球动力学图件，对现今地球动力学和运动学特点进行分析，从总体上把握地震发生的构造环境特征。

应根据区域或更大范围内的地震、地质、现今地壳形变和地球物理资料,从板块作用和块体运动的角度,对区域现代地球动力学和运动学的特点进行分析,给出各相关块体(区域)的应力状态、运动方式、变形特征和变形幅度,从总体上把握场址所在块体(地区)的地震构造环境特点。

136. I 级工作对区域地震构造等相关资料的要求有哪几方面?

答: 收集最新的基础资料,并对资料可靠性进行分析,分析不同震级档地震与区域地质构造、地球物理、现今构造变形特征的关系;当区域范围内现有资料不够充分时,应扩大区域范围;收集区域范围内的地层、岩浆活动、变质作用、地质构造资料,编制区域地质构造图;收集新构造运动方面的资料,包括新生代地层、火山和岩浆岩分布,晚第三纪以来有活动的断层、盆地和隆起,以及地震活动和现今变形特征等;收集重力、航磁和其他地球物理场资料。结合地壳结构及其他深部构造资料,编制区域布格重力异常、航磁异常、地壳厚度图,并说明区域范围地壳结构特征。编制区域大地构造单元划分图、地质构造图和新构造图(1:1000000);编制区域布格重力异常图、航磁异常图和地壳结构图(1:1000000);建立区域地球动力学模型。

137. 区域新构造图编制的内容有哪几方面?

答: 区域新构造图收集新构造运动方面的资料,包括新生代地层、火山和岩浆岩分布,新近纪以来有活动的断层、盆地和隆起,以及地震活动和现今形变特征等,图中应反映地层、岩浆岩、褶皱、断裂及其性质、新生代以来的盆地等。编制区域新构造图(1:1000000)的图中应标示 $4\frac{3}{4}$ 级以上的地震。

138. 怎样编制区域地震构造图？

答： 区域地震构造图是反映区域范围内地震构造环境的重要图件，编制该图件的目的是为地震区带划分、潜在震源区判定，以及在确定性地震危险性分析中划分地震构造区、评价弥散地震等提供地震构造依据。编制其要求如下：

精度：1：1000000。

主要内容：第四纪以来活动的主要断层及其活动时代；活动断层的性质；第四纪以来活动的盆地及其性质；现代构造应力场方向；破坏性地震震中位置。

139. 怎样扩展细化区域地震构造图的编制内容？

答： 应标示第四纪以来有活动的主要断层，区别晚更新世以来的活动断层与早第四纪断层（ Q_{1-2} ），并尽可能区分出全新世（ Q_4 ）活动断层与晚更新世（ Q_3 ）活动断层。基岩断层和隐伏断层须采用不同的图例标示（注意断层物质测年、构造岩特征、断错地层获得的时代的差别）。标示区域范围内第四纪以来发育的活动褶皱的展布范围和性质（背斜或向斜）、断层活动性分段点的位置、断层的最新活动性质（走滑断层、正断层、逆断层）。第四纪活动盆地是分析区域地震构造的重要内容，应标示盆地的范围、最新堆积物时代、活动构造展布特征，并尽可能收集盆地中第四纪不同时代地层的发育厚度资料，勾画出第四系等厚线。在地震活动强度较低的隐伏地区，宜勾画出新近纪以来的沉积厚度。标示区域现代构造应力场的方向。应标示破坏性地震（ $M_S \geq 4.7$ ）震中。在地震活动强度较低的地区，标示的地震震级可适当降低。

140. 区域地震构造环境综合评价有哪些内容？

答： 区域地震构造环境综合评价是简述工程场地在区域大地

构造上的位置，评价场地所在的大地构造单元的属性；简述区域新构造特征，评价场地所在新构造分区单元的活动特征及其与地震活动的关系；简述区域地震构造环境特征，评价工程场地所在地质构造单元的地震构造环境特征；给出区域范围内不同震级档的地震构造标志，判别区域发震构造，简述各发震构造特征。

141. 怎样确定近场地震构造评价工作的范围？

答：近场区范围不小于工程场地及其外延 25 千米。但是，出现下列情况之一者，应将近场区范围适当扩大。近场区范围适当扩大应以能够解决近场区主要断层活动性鉴定和发震构造判定等主要问题为原则：工程场地及其外延 25 千米范围内，断裂基本被第四系所覆盖，但在这个范围外缘有较明显的地质和地貌现象出露；工程场地及其外延 25 千米范围内，与地震构造条件评价密切相关的地质和地貌证据不充分，但在这个范围外缘有其典型的或有力的证据存在；Ⅰ级工作中，工程场地及其外延 25 千米范围外缘有指向近区域的断裂存在；相关行业要求近场区范围大于 25 千米。如水电抗震设计规范《中华人民共和国电力行业标准》，即《水工建筑物抗震设计规范》要求近场区为半径 30 千米的范围。

近场区范围适当扩大应以能够解决近场区主要断层活动性鉴定和发震构造判定等主要问题为原则。这种扩大可以是非对称性的。

142. 近场地震构造评价有哪些主要内容？

答：近场区地震构造评价的重点是对主要断层进行活动性鉴定、识别和确定发震构造的空间位置和有关活动性（力学性质、运动性质）参数；判定发震构造，给出其震级上限。为工程场址的地震危险性分析和地震地质灾害评价提供依据。

具体包括：

（1）相关资料收集与分析。

（2）第四纪地层和地貌调查。

（3）主要断层的活动性鉴定（包括分段性）。

（4）发震构造及最大潜在地震。

（5）编制近场地震构造图。

143. 怎样确定近场主要断层？

答：近场区主要断层的活动性鉴定，是近场区地震构造条件评价的主要依据，直接影响到工程场地地震安全性评价结果的科学性、合理性和针对性。区域地震构造图上有标示的区域性断层；长度大于 10 千米或大于 15 千米的断层；对其活动时代的认识有分歧，并且可能影响到场地地震危险分析结果的断层；晚更新世以来有活动迹象的断层；通过场址区与工程场址区安全性评价相关的断层；与破坏性地震特别是 $M \geq 6$ 级地震在空间位置上相关的断层；与现代小震密集活动或条带状分布相关的断层；可能延伸到近场区内的活动断层；指向工程场地的断层。

144. 在近场地震构造评价中，应收集、分析哪些第四纪地质地貌资料？

答：第四纪地质地层收集、分析资料包括：

（1）第四纪地层的划分（分布、时代、岩性特征等）。

（2）第四纪地貌面（夷平面、阶地、洪积扇等）的分布和变形情况；收集与断层活动有关的地貌特征资料。

（3）第四纪岩浆岩和火山分布与活动特征（简要论述它们的活动期次、分布特征、产出部位等，注意它们与断层活动和地震活动的关系）

（4）调查第四纪盆地的分布、厚度和活动特征等

（5）收集地壳形变测量以及地质、地貌、海平面变化、考古等方面的资料，以获得对近场区现代地壳运动状况的认识，并分析它们与地震活动的关系。

145. 在近场区地震构造评价中，收集与分析的资料包括？

答： 近场地震构造资料重点是充分收集已有资料，分析前人已有工作结果。应收集、分析以下资料：

（1）应收集第四纪地质和地貌资料，分析第四纪构造活动特点。Ⅰ级工作应进行现场勘察，编制第四纪构造剖面图。

（2）应对主要断层进行详细的活动性鉴定，包括活动时代、性质、运动特性和分段等，并判定其最大潜在地震的震级。

（3）在覆盖区，已有资料不能确定已知主要断层的活动时代时，应选用地球物理、地球化学、地质钻探和测年等手段进行勘查。

（4）收集地壳形变和考古资料，分析现代构造活动特点。

（5）应编制近场区地震构造图。

（6）综合评价应根据不同方面的资料，综合评价近场区和场址所处的地震构造环境或条件。

146. 怎样鉴定近场断层活动时代？

答： 断层活动时代的鉴定是判定该断层是否为发震构造，是否对场址区拟建工程产生重要影响，不能改变路由的管线工程是否采取相应的抗断措施的主要依据。

要求鉴定近场区断层活动时代，晚更新世以来没有活动的断层，鉴别其是"前第四纪断层"，还是"早第四纪断层"。对于前第四纪断层，工程地震危险性分析时可不予考虑。对于早第四纪断层，应尽可能进一步鉴别其是"早更新世断层"还是"中更新世断层"。

鉴定方法：

根据地层时代（上覆地层与被断错地层时代）；

根据地貌面时代（未断错地貌面与断错的地貌面时代，夷平面、阶地。洪积扇、水系、断层陡坎发育特征等）；

根据断层物质测年（ESR、TL 等），断层带内充填物质。

测年的几种方法和注意事项：

（1）采用放射性碳（C14）法测年时注意：

①采集样品时，要避免采集经过再搬运、再堆积的样品，避免采集受到现代植物根"现代炭"和煤、变质页岩、泥岩、石灰岩等"死碳"污染的样品。

②样品应暗盒密封并尽快送实验室。

该方法适用于测量距今 300 年～50000 年含碳（植物、木头、淤泥、贝壳、无机碳酸盐等）物质年龄，其测量精度为1%～2%，一般误差为 50～200 年。

（2）采用释光（TL、OSL）法测年时应注意：

在野外采集、包装、运输过程中应处于避光状态。

该测年方法适用于测量距今几百年～200000 年的含石英、长石并经过曝光的各类碎屑沉积物或火山及烘烤过的物质年龄。

（3）采用电子自旋共振（ESR）法测年时应注意：

断层泥样品要求其形成是受到一定强度压力的作用，并且应是最后一次强烈活动样品。

应该强调指出，各种测年方法均有特定的测定对象，适用的时间段及专门的采样要求，野外操作中应严格对待。

该测年方法适用于测量距今几千年至 200 万年的淀积和结晶物质（如次生和原生碳酸盐、方解石、动物牙齿等）、受热受压样品（如火山和烘烤过的物质、断层泥）的年龄。

应重视中更新世断层在某些地区（特别是在中国东部地区）作为发震构造的可能性；对于活动断层，仅仅鉴别出其最新活动时代往往还不能满足工程场地地震安全性评价的需要，还应根据工程的需求，进一步确定活动断层的分段、活动量、活动速率等有关参数。

147. 怎样分类与鉴定近场区断层活动性质？

答：对于活动断层而言，其活动性质是划分相关潜在震源区并确定其震级上限的重要依据。潜在震源区范围与边界的确定，与活动断层的性质（包括产状）密切相关。

在近场区发震构造评价工作中，应通过野外现场调查或采用成熟技术方法的探测，查明活动断层的活动性质，鉴别出正断层、逆断层、走滑断层、正—走滑断层、走滑—正断层、逆—走滑断层、走滑—逆断层等。

另外，应鉴定断裂的运动特性。断层的运动包括"蠕滑"和"粘滑"两种特性，以地震的方式释放的能量往往只占活动断层应变积累的一部分。当活动断层上未发生过历史强震事件、也未发生古地震事件时，依据其活动量或活动速率等有关参数，评估其一次地震地表同震位移量时，也需要考虑活动断层的运动特性，即需要确定活动断层的粘滑量与蠕滑量的比值。

148. 如何判识发震构造及确定最大潜在地震？

答：根据强震构造标志和地震活动性，通过构造类比和历史地震重演两个原则，判定发震构造。

根据断层活动段的尺度、活动性（包括活动时代、活动性质、运动特性和分段性等）、最大地震和古地震，判定最大潜在地震。

149. 在地震安全性评价中地震区、带的含义和作用如何？

答：地震区：地震活动性和地震构造环境均相类似的地区。

地震带：地震活动性与地震构造条件密切相关的地带。

地震区、带的作用：

（1）地震区常常作为评价林范围内地震活动总体水平的范围；

（2）地震区、带可作为分析地震活动特点（时间、空间和强度分布）的单元；

（3）由于地震区在大地构造的组成物质上的巨大差异，常常作为地震波衰减的统计单元；

（4）同一地震带内的地震活动联系密切，所以地震带可作为地震活动趋势和地震活动性参数的统计单元；

（5）由于地震区、带内的发震构造条件有可比性，所以地震区、带，特别是地震带常常作为发震构造条件和震级上限确定的构造类比范围；

（6）地震带是潜在震源区划分中的一级划分，是潜在震源区划分的基础。一个潜在震源区不能横跨两个带。基原因是因为不同的带有它自身的地震活动性参数。

150. 如何划分地质构造环境地震区带？

答：地震区、带是根据区域现代地球动力学环境、区域现代构造应力场、区域地质构造活动性、区域地震活动性具有相似性或一致性的原则划分的。一般划分的原则有：

（1）地震区、地震带划分采用区、带两级划分方案。所划分的区、带内必须有充分的地震样本，以满足地震活动性统计的需要。

（2）划分地震区、带时应尽量考虑现代地球动力学分区特征，使每个单元内的地质构造、地球物理环境具有相同的特征。

（3）地震区、带是区别出具有不同地震活动特征的地震活动单元。每个单元内的地震不但在空间上连接成带，而且在时间上有其共同的活动规律。大小地震间具有较好的比例关系。

地震区划分方法：①地震活动性的分区特征及其差异；②新构造运动和现代构造运动的分区特征及其差异；③地壳结构和地球物理场分区特征及其差异；④现代大地构造分区特点及其差异。

地震带划分方法：①新构造、现代构造运动性质、强度一致性较好或类似的地带；②地震活动性包括地震频度、最大震级、活动周期、古地震和历史地震重复间隔、应变积累释放过程、震源深度等相一致或一致性较好地带；③地震构造类型一致性较好地带，如地震断层性质、方向。破裂长度与震级关系较一致等；④地球物理场和地壳结构相类似的地带，以及巨大的地壳结构变异带和地球物理场变异带，如重力、磁力梯度带和地热过渡带等；⑤分带边界包括活动构造带的边界带、破坏性地震相对密集带的外包带、区域性深、大断裂活动的影响带、相邻地带在构造活动或地震活动上有明显差异的分界带。

151. 怎样分析地震活动与地球物理场、地质构造的关系？

答：地震活动与地球物理场的关系：

（1）中强地震常常发生在上地壳高速层与中地壳低速层顶部的过渡层，或低速层与下地壳组成的另一过渡层。

（2）中强地震还常常发生在正负异常交界带。

（3）地壳厚度变异带即地壳厚度陡变带的斜坡带，也是强震发生的重要条件。

（4）强震常常发生在断错地壳和上地幔的深大断裂及其附近。

地震活动与地质构造的关系：

地震活动性主要研究地震活动的空间、时间、强度分布规律，为划分潜在震源区和确定地震活动性参数提供依据。评定近场区发震构造、厘定潜在震源区边界和震级上限等提供依据。在地震危险性概率分析中，划分地震带并确定地震活动性参数划分潜在震源区、确定震级上限、确定地震空间分布函数确定地震烈度或地震参数衰减关系地震危险性概率计算。综合研究地质构造的新构造、现代构造运动性质、强度、地球物理场与地方地震活动性的分析，研究区内震源应力场和地壳结构特征，得出地区的地震活动水平的趋势。也就是说，地震活动与地质构造密不可分。

152. 区域现代构造应力场如何表示？

答：区域现代构造应力场主要表示区域应力场的总体作用方向和块体运动方向，这对确定发震构造和潜在震源破裂运动方式有重要意义。

根据大量震源机制资料的分析，由许多强震震源机制解得到的震源处等效应力场的统计结果，可以被认为代表了该区域的现代构造应力场，也即强震震源机制解具有一致的区域性分布特点。

区域现代构造应力场一般用动力学模型表示。区域地球动力学模型建立一般仅限于Ⅰ级工作。

为把握区域构造活动与地震活动总体水平提供更大范围的动力背景资料。在收集区域及更大范围内地震、地质、现今地壳形变和地球物理资料的基础上，在板块构造动力学与运动学框架下，编制地球动力学图件，对现今地球动力学和运动学特点进行分析，从总体上把握地震发生的构造环境特征。

综合上述，应根据区域或更大范围内的地震、地质、现今地壳形变和地球物理资料，从板块作用和块体运动的角度，对区域现代地球动力学和运动学的特点进行分析，给出各相关块体（区域）的应力状态、运动方式、变形特征和变形幅度，从总体上把握场址所在块体（地区）的地震构造环境特点（构造与地震活动的强度和特点）。

建立区域地球动力学模型，应根据区域或更大范围内地震、地质、现今地壳形变和地球物理资料，对区域现代地球动力学和运动学特点进行分析，从总体上把握地震发生的构造环境特征。

153. 怎样分析区域震源机制解资料？

答： 大量震源机制结果的研究表明，由许多强震震源机制解得到的震源处等效应力场的统计结果，可以被认为代表了该区域的现代构造应力场，也即强震震源机制解具有一致的区域性分布特点。

利用震源机制、小地震综合断层面解资料进行局部构造应力场分析。

（1）收集研究区域范围内 1970 年自地震区域台网建立以来的全部或者其他有效震级范围的清除的 P 或 P_n 初动符号，可以直接引用地震报告上的数据，但应当对某些数据直接查图核实。

（2）根据这一地区的地震构造分区和地震分布状态划分统计单元，对每个单元内的小震分布及其初动分别进行综合节面解得多次测定。

（3）通过求与多个地震的平均节面相应得平均 P、B、T 轴来推断某一地区的平均构造应力场的方向。

154. 怎样用地质构造特征确定地震带震级上限？

答： 对于尚未记载到破坏性地震的震源区，其震级上限一般通过对该潜在震源区地震构造特点与地震带内或相邻地区进行详细比较研究后确定。比较的条目很多，其中的主要条目应包括：新构造活动的程度和方式，活动断层的时代、规模、强度、方式、分段性等，构造应力场以及深部构造和地球物理场特征等。在实际工作中，当从构造条件分析认为历史最大地震不足以作为未来可能发生地震的上限时，则根据构造条件将历史已经发生过的最大地震震级加 1/4、1/2 或 1 级作为地震带的震级上限。

也可以根据地震带的地震构造特征在同一地震区内进行构造类比外推，即认为具有相似地震构造条件的地震带，其震级上限应该相似。

断层运动特性的确定对研究发震构造及其最大地震是有意义的。一般说来：断层蠕滑运动不会发生很大震级的地震，最大震级为 5 级左右，不会到 6 级，而具有粘滑运动的断层可发生很大的地震，直到 8.5 级。断层类型对最大地震具有明显的控制作用，走滑断层发生的比例最大，最大为 $8\frac{1}{2}$ 级，逆断层最大震级为 7.8，正断层一般都在 7 级以下，最大震级为 7.1 级。断层破裂参数与地震大小有一定的关系。如地震地表破裂长度、地震地表最大位错、地震断层长度、地震断层面积、断层以变速率等。

155. 有哪几种用地震活动性特征、地球物理场特征划分潜在震源区的方法？

答： 潜在震源区划分主要是特定地段的地质、地震和地球物理场等具体依据。

潜在震源区划分主要采用"地震重复"和"构造类比"两条基本原则。地震重复原则是指历史上发生过强震的地段或地区，未来可能再次发生震级相近或高于历史地震的地震，可以划为同类震级或结合构造类比划为高于原最大震级的潜在震源区。构造类比原则是与已经发生过强震的地区的地震构造条件具有类似特点的地区或地段，有可能发生相同震级的地震，可以划为具有同类震级上限的潜在震源区。此外，地震活动在空间上的迁移、填空等特征也可作为划分潜在震源区的佐证。

中小地震活动成带密集发育条带，显示了深部有差异性活动，尽管尚未发生中强地震，也应考虑为震级上限低一些的潜在震源区。潜在震源区的范围参考中小地震密集条带分布范围划分。

确定潜在震源区的范围和方向时主要依据断裂延伸方向、断裂带的规模以及中小地震的分布范围。

（1）历史上发生过5.5级或6级以上地震的地区均应划入大于或等于该震级的潜在震源区；

（2）充分运用小震活动条带和中等强度地震聚集区等地震活动性特征资料来勾划潜在震源区；

（3）要充分注意不同发震构造类型的地震重复发生模型的差异。

156. 如何根据地质构造特征划分潜在震源区？

答：潜在震源区的判定是一项综合性的工作，应深入研究场址所在地震区、带不同震级档地震的发震构造标志，总结归纳由近场区地震活动和地震构造评价工作所得到的相关发震构造的各种条件，分析其可能的强震构造机制与潜在发震能力，具体划分时，还应注意强地震活动区与弱地震活动区判定潜在震源区方法上的差异，注意新资料、新成果的应用。其根据以下方面来确定：

（1）应根据活动盆地的类型划分潜在震源区；

（2）应根据发震构造的范围和形态划分潜在震源区；

（3）应根据活动构造交汇区的影响范围划分潜在震源区；

（4）应根据活动断层的分段标志划分潜在震源区；

（5）应考虑断层的活动时代划分潜在震源区；

（6）应根据发震断层的类型和倾向划分潜在震源区。

157. 潜在震源区震级上限的确定原则和方法有哪几种？

答：潜在震源区震级上限是根据潜在震源区本身的地震活动和地震构造特征与潜在震源区划分同时确定的。

潜在震源区震级上限确定的主要原则包括:

(1)具有足够长时间和相对完整的历史地震资料的地震带,地震活动经历了一个以上的活动期,地震分布状况足以反映地震带的地震活动特征,则对地震带内的历史地震记载相对较丰富的潜在震源区,其最大历史地震足以代表该潜在震源区未来地震发生的上限震级时,则可以直接采用历史最大地震震级。

(2)当历史最大地震活动不足以代表潜在震源区可能发生地震的上限震级时,可根据地震构造特征进行构造类比外推,认为与已知地震发生区具有相似地震构造条件的潜在震源区,可具有相同的震级上限值。当进行构造类比时,要充分利用已有的关于地震构造条件的统计结果,并应考虑统计不确定性。

其确定方法有:

(1)历史地震法:对于已经发生过破坏性地震的潜在震源区,通常根据历史地震及仪器记录地震确定的震级进行评价。如果区域地震资料比较丰富,历史地震记录的时间已超过几个地震活动期,而且记载到的地震震级在7级以上,则可认为有史以来记载到的最大地震震级可以代表该潜在震源区的震级上限。同时应结合地震构造类比,对已发生地震的震级(一般$M<7.5$)进行评估,判断已有的最大震级能否代表震级上限。如不能,则可根据具体的地震活动特点适当加大。

(2)构造类比法:对于尚未记载到破坏性地震的震源区,其震级上限一般通过对该潜在震源区地震构造造特点与地震带内或相邻地区进行详细比较研究后确定。比较的条目很多,其中的主要条目应包括:新构造活动的程度和方式,活动断层的时代、规模、强度、方式、分段性等,构造应力场以及深部构造和地球物理场特征等。

(3)古地震法与活断层定量参数估计法:潜在震源区内断

层活动段的长度、位错量、位移速率等数据与地震震级经验关系的统计分析结果可以作为该潜在震源区震级上限的参考依据。具体公式选用和运用于震级上限评价的应用方面相关文献有详细的讨论。

158. 工程场地地震地质灾害的成因和类型有哪几种？

答： 地震地质灾害评价是依据场地及其附近工程地质条件，及地震危险性分析与断层活动性调查结果，分析、评价可能产生地震地质灾害的类型（包括地裂、地表形变、震陷、饱和土液化、崩塌、滑坡等），及其影响程度。

按地震地质灾害成因将其分为三大类：

（1）由于地震动作用导致的对工程有直接影响的工程地基基础失效，包括饱和土液化、软土震陷等；

（2）由于地震动作用导致的对工程有可能间接影响的工程场地失效，包括岩土开裂、崩塌、滑坡等；

（3）由地震断层作用导致的地表错动、地裂缝与地面变形等地质灾害。

159. 开展地震地质灾害评价的野外调查工作包括哪些内容？

答： 地震地区灾害评价的野外调查内容有：

（1）应调查历史地震造成的液化现象，勘查地下水位、可能液化土层的埋藏深度，测定标准贯入锤击数和颗粒组成。

在历史地震资料考证、调查与分析的基础上，判别场地是否存在能产生液化的饱和砂土地基。

应调查地下水位、标准贯入锤击数、粘粒含量、可液化地层厚度、非液化地层厚度等资料，并进行剪切波速测试。

（2）应收集和调查软土层厚度分布及软土震陷等资料。

软土主要包括淤泥、淤泥质土、冲填土、杂填土或其他高压缩性土层。软土震陷与土的静承载力标准值有关，经验表明，地震烈度Ⅶ度及Ⅶ度以下时，产生有害震陷的实例很少，可不开展软土震陷调查工作。

除收集和调查场地软土厚度分布等资料外，还应收集软土的物理性质和钻孔剪切波速测试资料。

（3）应收集和调查地形坡度、岩石风化程度、古河道、崩塌、滑坡、地裂缝和泥石流等资料。

崩塌资料的调查和收集包括崩塌类型、规模、范围，崩塌体的大小和崩落方向，崩塌区的地形地貌、岩性特征、地质构造、水文气象等资料。

滑坡资料的调查和收集包括；滑坡的类型、范围、规模、主滑方向、形成原因和稳定程度，以及场地的易滑坡地层分布与山体地质构造、地貌形态等资料。

地裂缝资料的调查和收集包括场地裂缝发育和规模、特征和分布范围，分析形成地裂缝的地质环境条件（地形地貌、地层岩性、构造新裂等），以及产生地裂缝的诱发因素（地下水开采）。

泥石流资料的调查和收集主要内容有工程场地及其上游沟谷、邻近沟谷形成泥石流和条件，包括地形地貌、水文气象和地下水活动情况、地层岩性、地质构造等，查明形成区断裂、滑坡、崩塌等到不良地质现象的发育情况及可能形成泥石流固体物质的分布范围。

（4）Ⅰ级工作应收集历史海啸与湖涌对工程场地及附近地区的影响资料。对Ⅰ级工作，应对场地及附近地区是否存在历史地震引起的波浪影响进行调查与分析，并收集工程场地地区的地震构造环境、地理环境及已有水坝的设防标准等。

（5）应收集地震引起的地表和近地表断层的分布、产状、活动性质、断层带宽度、位错量及覆盖层厚度等资料。

在近场区和场区地震构造分析的基础上，要注意收集地震引起的地表和近地表断层的分布状况，比如展布位置方向、产状、活动性质、断层带宽度、位错量及覆盖层厚度等资料。

160. 怎样评价地震地质灾害?

答：评价地震地质灾害应根据灾害重复性原则、综合判别与区划原则，对比历史上地震地质灾害发生的地震地质、工程地质、地形地貌等分析、评价。通过对历史地震资料的考证、调查和分析，查明工程场地及附近地区有没有遭受过地震地质灾害，以及灾害的类型和程度等。在此基础上，参照与建设工程相关的勘察设计规范或工程地质勘察结果进行地震地质灾害场地勘查，为评价可能发生的地基液化、软土震陷、崩塌、滑坡、地裂缝和泥石流等地震地质提供资料。

饱和土液化的评价方法和要求，可以参考、依据 GB50011 — 2001《建筑抗震设计规范》的规定进行评定。

软土震陷的评价方法和要求，可参考、依据 JGJ83-1991《软土地区工程地质勘察规范》的规定。

地震断层错动直接引起地表或近地表变形与坡坏的评价方法和要求，可参考、依据 GB50011 — 2001《建筑抗震设计规范》的规定。

161. 活断层地质灾害评价包括哪些内容?

答：活断层引起的地质灾害影响范围较大，当场地及其附近范围存在活断层或存在已知活动断层有构造联系的断层时，应评价其产生地表错动与变形的可能性、可能分布范围与发育程度。在此基础上，评价对工程场地的影响。

162. 怎样收集历史地震资料?

答：通过分析场地的地震烈度值，可以得到场地所遭受过的最大地震烈度和各个烈度值的频繁程度，与概率计算结果互相佐证。

　　除了区域范围内的破坏性地震外，区域外可能对工程场地产生Ⅵ度以上烈度影响的大地震也在考虑之列；一般应当采用最新版本地震目录中所给出的烈度。但是，最新版本地震目录所列地震烈度资料不足时，应当广泛地收集地震烈度资料，在此基础上进行对比分析。

163. 怎样开展历史地震资料分析？

　　答：对于有等震线资料的地震，可直接查明历史地震对场地的实际影响烈度；对于没有等震线资料，但能够得到场地及附近的地震破坏宏观资料，或实际调查资料，可通过这些资料复核评定影响烈度；也可以通过本地区的地震烈度衰减关系估算场地影响烈度值。在此基础上，给出影响工程场地的综合等震线图，建立场地影响烈度目录，得到场地所遭受到的最大历史影响烈度值和各阶段烈度的频次特征。

　　近场或邻近地区破坏性地震参数有疑问时，且对场地评价有较大影响时，应进行调查与考证；通过查阅史料，分析历史地震震级与等震线确定的依据；分析历史地震震级可靠性；通过调查确定场地的影响烈度。

164. 减轻地震灾害损失的主要措施是什么？

　　答：减轻地震灾害损失的主要措施有：

　　（1）开展详尽的地震地质调查和地震活动性研究，做好地震区划和圈划地震危险区工作。

　　（2）在城市和工程建设中，尽量选择地震安全区。

　　（3）工程建筑要根据抗震设防标准进行设计施工。

　　（4）开展对老旧房屋抗震性能的普查，并相应采取加固措施。

（5）加强地震临测和地震预报工作，提高预报水平，根据政府的规定发布预报信息。采取地震对策，同时注意防止地震谣言的发生。

（6）城镇建设规划中，应注意布设避震安全区。

（7）在地震重点监视区，政府部门应制定防震救灾顶案。

（8）普及地震与防震减灾知识，提高民众的防灾意识和应震能力。

（9）做好防御地震次生灾害的工作。

（10）做好震后稳定社会秩序，迅速恢复生产、重建家园的工作。

165. 编制地震应急预案的目的是什么？

答： 在发生破坏性地震时，为了使各级政府和各有关部门高效而有秩序地做好应急与抢险救灾工作，最大限度地减轻地震灾害造成的损失。

166. 怎样编制地震应急预案？

答： 根据国务院 172 号令《破坏性地震应急条例》第十一条规定："根据地震灾害预测，可能发生破坏性地震地区的县级以上地方人民政府防震减灾工作主管部门应当会同同级有关部门以及有关单位，参照国家的破坏性地震应急预案，制定本行政区域内的破坏性地震应急预案……"因此，各级政府在编制地震应急预案时，应遵循《破坏性地震应急条例》对地震应急工作有关的各种社会关系的行政法规，从实际出发，确定各项任务，区别轻重缓急，要求遵循"实用性、可行性、有效性、科学性、指导性和可操作性"的原则，使各级政府和各有关部门在发生破坏性地震时，有序地做好应急与抢险救灾工作，最大限度地减轻地震灾害造成的损失。制定应急预案包括以下主要内容：

（1）建立应急工作机构，确定震前、震后地震应急工作基本原则及程序。建立以地震部门负责人为首的震前及震后机关应急工作组织、震后现场应急工作组织。

（2）震情预测。预测和圈划本地区5年、10年内地震重点监视防御区、辖区次年的地震危险区和未来地震烈度分布。

（3）灾情预测。当本地区被圈入重点监视防御区时，应调查大中型企业及次生灾害源分布和开展建筑物、构筑物震灾、生命线，工程震灾、重大工程设施震灾、次生灾害、经济损失及人员伤亡等震害预测。

（4）当地震短期预报发布后，做出相适应的应急反应、临警报后的应急反应、震后应急反应和震后恢复重建规划及虚假地震书件的处置。

应急预案中应对组织指挥、震情监视、新闻宣传、部队救援、抢险救灾、医疗救护、物资调运、通信联络、治安保卫、灾民安置等十大系统的预案就震情应急处理和抢险救灾等方面的工作职责做出详细的规定。

167. 地震应急预案的内容应包括哪些主要方面？

答：（1）震情预测。其内容有：五年、十年辖区内地震重点监视防御区分布；辖区次年的地震危险区分布，辖区内未来地震烈度分布。

（2）灾情预测。其内容包括：重点监视防御区大中型企业及次生灾害源分布；建筑物、构筑物震灾预测；生命线工程震灾预测；重大工程设施震灾预测；次生灾害预测、经济损失及人员伤亡预测。

168. 为什么要进行场地的地震安全性评价工作？它包括哪些方面的工作？

答： 场地的地震安全性评价工作是使新建工程项目的抗震设防既安全可靠，又经济合理的重要举措；同时为已建工程、大型厂矿企业、大城市和经济建设开发区，科学地制定其发展规划和防震减灾对策。

地震安全性评价工作的监督和管理均由省、市（地）人民政府防震减灾行政主管部门负责。地震安全性评价委员会是省政府批准的由省防震减灾行政部门及其他有关部门的专家组成。

场地地震动安全性评价和场地地震地质稳定性评价两者合起来就是工程场地地震安全性评价工作。它提供一个工程或地区在其设计寿命中可能遭遇地震危险的工程抗震设防标准。对于一般工程的抗震设防标准，可直接按《中国地震烈度区划图（2000）》的基本烈度使用；对重大工程和对于面积较大的大中城市、经济开发区或铺设线长、占地面广的生命线工程，需要做具体工程场地的地震安全性或危险性的专题研究工作，并以地震小区划的形式给出工程抗震设防的标准。根据重点工程的要求，应进行地震烈度复核、地震危险性分析、设计地震动参数（加速度、设计反应谱、地震动时程等）确定、地震小区划、场址及周围地震地质稳定性评价、场地震害预测等工作。总而言之，场地地震安全性评价工作的目的是为工程建设提供科学合理的抗震设防标准，防御减轻地震对工程建设的破坏。

为了使地震安全性评价工作规范化、法制化，有关文件规定，在进行地震安全性评价工作中，必须持有国家、省级防震减灾行政主管部门审查发给的许可证及上岗证，承担相应级别的地震安全性评价工作项目。省、自治区的市（地）及以下的工程建设场地的抗震设防标准由同级防震减灾行政主管部门审定。

169. 各级政府在震前应做好哪些准备工作?

答: (1) 制定大震应急预案,做好各部门的协调工作,随时检查落实情况。

(2) 做好群众性的防震减灾宣传教育工作,增强群众防灾自救能力。

(3) 做好建筑物抗震设防和施工质量检查工作,对那些抗震性能较差的建筑物进行加固,提高生命线工程的抗震能力。

(4) 根据环境条件确定群众疏散路线。

(5) 做好应付破坏性地震的生活物资储备工作。

(6) 在地震时可能造成次生灾害的易燃、易爆源地,进行专门的抗震设防处理,减少次生灾害。

(7) 社会的稳定是抗震救灾的重要保障,因此应加强治安保卫工作。

各相应的职能部门应在党和政府的领导下,采取协调一致的行动,要尽最大的努力,把我国的地震灾害减少到最低的程度。地震、建设、民政、计划、公安、通信、粮食、物资、医疗、运输、电力、保险等政府职能部门按照各自的职责范围,做好防震减灾和大震应急的准备工作。各级政府的有关职能部门在防震减灾工作中的职能为:

地震部门:各级地震部门是同级人民政府主管防震减灾工作的职能部门,应充分行使、发挥其政府职能,组织做好监测、预报、科研以及工程地震、震害预测、震害评估等业务工作,为政府进行有关地震问题决策提供科学依据;积极主动地给国务院和地方政府出谋划策,当好参谋,指导帮助地方政府制定本地区地震工作规划、计划和大震应急预案、综合地震对策方案。

建设部门:指导和管理城镇建设及工业与民用建筑的抗震、设防。

民政部门:负责农村救灾工作,掌握灾情,指导生产自救,发放救灾款物；检查监督救灾款物供用情况；发展农村救灾合作保险。

计划部门：负责组织协调抗震救灾工作。

其他部门的防震减灾职能：按《破坏性地震应急预案》中的规定尽职尽责。

170. 教育部门震前应做好哪些工作？

答：教育部门震前应做好以下工作：①加强对师生防震减灾知识的教育。②学校领导和教师要掌握地震应急的方法。③采取切实措施，排除学校次生灾害隐患（如实验室）。④做好校舍的抗震加固工作，拆除危险建筑。⑤当有地震谣传或谣言在社会流传时，应积极配合有关部门采取平息谣传和谣言的措施。

171. 公安部门震前应做好哪些工作？

答：公安部门在震前应做好以下备震工作：制定治安、消防、交通等方面破坏性地震应急预案，做好震区的交通管理、消防准备、重要部门的保卫和严厉打击各种犯罪分子的准备工作。

172. 建筑部门震前应做好哪些工作？

答：建筑管理部门震前的主要任务是根据《中国地震烈度区划图（2000）》和防震减灾业务部门对重要工程和特殊工程的场地地震安全性评价给出的抗震设防标准等，做好建筑抗震设防的宣传工作，按抗震规范把好技术关。具体工作如下：①检查、鉴定旧建筑物、构筑物的抗震性能，对抗震性能差的采取相应加固措施。②对新建筑物要按批准的抗震设防标准严格把好技术和质量关。③加强对建筑市场的管理和对建筑施工队伍抗震防震建筑施工的技术培训。

173. 矿山部门震前应做好哪些工作？

答：矿山管理部门震前应做好：①加强矿山重点工程和关键部位的抗震设防工作。②对广大矿山职工进行防震减灾知识教育。③配备地震应急使用的安全出口和备用电源。④组织应急专业矿山救护队和辅助矿山救护队，建立医疗救护网点。⑤设置专门的地震应急无线或有线通信联络网。⑥制定矿山大震应急对策，建立防震救灾指挥部，作好必要的物质准备。

174. 邮电部门震前应做好哪些工作？

答：邮电部门震前应做好地震通信服务，优先处理地震部门观测数据传递的电话和电报；制定破坏性地震应急预案，做好防震抗震与救灾准备，成立抗震救灾通信领导小组；做好本系统的抗震加固工作；组建应急电讯抢修队伍和抢修通信物资的准备。

175. 卫生部门震前应做好哪些工作？

答：卫生部门震前应制定破坏性地震救护、卫生应急预案；建立抗震救灾医疗救护组织；广泛进行抗震救灾卫生知识普及宣传；培训医护人员的伤员救治技术，提高紧急救治水平；做好应急药品器材储备。

176. 基层单位怎样做好抗震救灾准备？

答：（1）参照上级政府部门的地震应急预案，制定本单位的应急预案，组建由主要领导亲自负责的抗震救灾工作领导机构。

（2）建立地震应急的抢险、医护、治安、交通、物资、通信专业队伍，制定详尽具体的行动方案。

（3）对房屋的抗震性能进行普查。对抗震性能差的建筑要维修加固，危房要予以拆除。

（4）加强通信、水库、电厂、水厂及某些生产易燃、易爆、有毒物质等要害部门及生命线设施的抗震设防工作。

（5）储备应急生活必需品和抗震救灾物资。

（6）根据周围环境，确定震时的疏散方案和疏散地点路线。

（7）做好地震与防震减灾知识的宣传教育。

177. 学校应做好地震前的哪些准备？

答： 在中、小学应该普及防震知识，震区学校应有防震训练的方案，若正在上课时发生地震，老师应马上给学生一个简单明确的指令，让学生就地闭眼伏在课桌下。一个地区，家庭和学校要经常沟通。震区有条件的学校应备救灾物品，如急救医药用品、防寒防雨用品、工具等，并按班级或教室分配，直到个人手中。

178. 为什么要制订家庭防震计划？应包括在哪些措施？

答： 一旦发生地震，就可能使我们的供电、供水、供热系统，交通系统，生活必需品供应系统，信息系统，以及医疗卫生系统遭到某种程度的破坏，影响人民的正常生活，所以，我们应该制订一个家庭防震计划。

首先要排除室内高处的悬吊物，柜子上、木架上垂直摆放的物品，改变其摆放位置和方式，使其不易震倒伤人。同时要清除一切易燃易爆物品。床要搬到离玻璃窗远一些的地方。窗上贴上防碎胶条。防震用具包（其中包括现金、饮用水、防流感和痢疾等的药品等）最好放在容易拿取的地方。

179. 地震救灾目标应包括哪些方面？

答： 如要包括：①灾民疏散及生活安置目标（地点、时间、程度）；②灾民抢救目标；③震损房屋应急处理目标；④生命线工程修复目标；⑤各类设施抢修目标；⑥次生灾害控制目标；⑦社会安全保障目标。

180. 什么叫地震应急？

答：是指为了减轻地震灾害而采取的不同于正常工作程序的紧急抗震救灾和抢险行动。

181. 地震应急的主要目的是什么？

答：开展地震应急工作的主要目的，一是在临震前采取尽可能有效的措施，保护人民的生命安全，保护重要设施不受或少受损失；二是在灾害发生后迅速开展有效的救援活动，挽救在死亡线上的人员生命，减少财产损失，防止灾害扩大。

182. 各级政府在震前防御阶段应做好哪些准备工作？

答：①制定切实可行的大震应急预案，协调好各部门工作，并随时检查督促，落到实处。②加强对群众的宣传教育，增强群众防灾自救能力。③做好建筑物的抗震加固工作。尤其要加强生命线工程的抗震能力。④建立好地震管理领导体制。⑤制定群众疏散路线。⑥进行必要的生活物资储备。⑦堵塞灾害漏洞。⑧加强治安保卫工作。

183. 基层单位怎样做好抗震救灾准备？

答：①成立抗震救灾领导机构，主要领导亲自抓，具体办事人员落实。②组建地震抢险、医护、治安、交通、物资、通讯专业队伍。制定行动措施，进行业务培训，落实器材物资。③普查房屋抗震性能，拆除危房，对抗震性能差的建筑要维修加固。④加强要害部门及生命线设施的抗震设防工作。防止震后次生灾害的发生。⑤储备生活必需品和抗震救灾的物资。⑥制定详尽的疏散方案，确定疏散地点及路线，并具体落实到人。⑦宣传地震知识。

184. 家庭应急物品包括什么?

答: 每个家庭应准备一个家庭应急救援包（箱），配备一些必需的应急物品，一旦发生意外灾害，可用应急救援包（箱）中的物品进行自救与互救。此外，作为日常防灾的重要手段，还可以准备家庭日常防灾救援包。

家庭应急救援包（箱）包括:

（1）应急逃生绳:承重力不小于200千克，绳直径为25毫米~30毫米，外裹阻燃材料。

（2）简易防烟面具:当遭遇火警或遇到其他有害气体侵害时，取出面具戴在头上。

（3）锤子、哨子、收音机、手电筒、电池（定期更换）等。

（4）瓶装矿泉水、压缩饼干及巧克力等饮料、食品（定期更换）。

（5）绷带、胶布、止血带等应急医药用品。

家庭日常防灾救援包包括:

（1）家用灭火器（定期更换）。

（2）应急药品:

①医用材料:胶布、体温计、剪刀、酒精棉球。

②外用药:碘酒、眼药水、烫伤药膏、消炎粉。

③内服药:退烧片、止泻药、保心丸、止痛片、抗生素、催吐药。

④消毒水。

（3）食品:

①固体食品:饼干、面包、方便面等（定期更换）。

②瓶装饮用水（定期更换）。

③罐装食品（定期更换）。

185. 为什么要开展新建工程抗震设防工作？

答：①近年来发生破坏性地震使新建工程大量倒塌给我们敲响了警钟；②新建设防是提高建筑物抗震能力的根本措施；③新建工程抗震设防工作标志着我国防震减灾、工程抗震工作标准化、规范化水平的提高。

186. 新建设防工作"五同时"的内容是什么？

答：在进行工程项目的可行性研究、规划选址、工程设计、施工、竣工验收五个环节的同时要进行抗震设防。

187. 目前新建工程存在的主要问题是什么？

答：一是对新建工程抗震设防重要性认识不足；二是不按新建工程抗震设防管理程序办事；三是普遍忽视结构质量，片面追求外部装修。

188. 邢台地震后总结的农房抗震"四个一点"的经验是什么？

答：地基牢一点，房屋矮一点，屋顶轻一点，连接好一点。

189. 地震造成建筑物破坏的主要原因是什么？

答：（1）结构不合理。建筑物的破坏随结构类型的不同和抗震措施的多少而有差别。房屋平、立面复杂的，地震时会引起扭转或变形不协调，对房屋局部加重震害。构件之间连接不牢使抗拉强度不足，房屋整体性差，地震时强烈摇动导致整个房屋倒塌。因而，地震区的建筑要严格按照抗震设计规范要求进行抗震设防。

（2）建筑材料质量低劣。使用质量低劣的砖、水泥，造成砌体强度不足，地震时屋檐外闪，墙体鼓出或开裂倒塌。

（3）施工质量不符合要求。砌砖时砂浆标号不够、不润砖、纵横墙交接用直搓或马牙搓、砂浆不饱满、搓子不严不实、堵砌施工通道不认真、少放、错放、漏放钢筋、钢筋搭接少或根本没有搭接等偷工减料、少焊、爆焊或以点焊代替焊缝等，都会使建筑物在地震时支撑系统脱落，屋盖下摔，房屋倒塌。所以，精心施工是确保工程质量提高抗震性能的关键。

（4）地基失效。地震时，由于地基开裂、砂土液化、喷水冒沙、滑坡、不均匀沉降等造成房屋倾斜破坏，因此，选择好建筑场地十分重要。

（5）工程建设达不到抗震设防要求。

190. 可能发生严重次生灾害的建设工程是什么？

答：是指受地震破坏后可能引发水灾、火灾、爆炸、剧毒或者强腐蚀性物质大量泄露和其他严重次生灾害的建设工程，包括水库大坝、堤防和贮油、贮气、贮存易燃易爆、剧毒或者强腐蚀性物质的设施以及其他可能发生严重次生灾害的建设工程。

191. 重大建设工程和可能发生严重次生灾害的建设工程以外的工程，如何进行抗震设防？

答：重大建设工程和可能发生严重次生灾害的建设工程以外的工程，必须按照国家颁布的地震烈度区划图或者地震动参数区划图规定的抗震设防要求，进行抗震设防。

新建、改建、扩建工程，必须达到抗震设防要求。

192. 建设工程必须按照什么进行抗震设计，按照什么进行施工？

答：建设工程必须按照抗震设防要求和《抗震设计规范》进

行抗震设计，并按照抗震设计进行施工。

193. 在选择建筑物的地基时应注意哪些问题？

答：一般说来，地基的选择应该避开以下地方：①活动断裂带中容易发生地震的部位及其附近地区；②地下水位较浅的地方和松软的土地，如古河道、旧池塘或沙滩上；③矿山陈旧坑道容易冒顶的地方，等等。

194. 地震引起的场地震害类型有哪些？

答：有 5 类主要震害类型，即：①沙土液化，其地震破坏类型有喷水冒砂、地面沉陷、浅层滑移与侧向扩张；②软土震陷；③基岩崩塌；④土体边坡的不稳定（失效）；⑤地震断层。其他还有海啸、湖涌、陷落、地面和矿坑涌水等。

195. 哪些已经建成的建设工程，未采取抗震设防措施或者抗震设防措施未达到抗震设防要求的，应当按照国家有关规定进行抗震性能鉴定，并采取必要的抗震加固措施？

答：①重大建设工程；②可能发生严重次生灾害的建设工程；③具有重大历史、科学、艺术价值或者重要纪念意义的建设工程；④学校、医院等人员密集场所的建设工程；⑤地震重点监视防御区内的建设工程。

196. 影响震时房屋破坏程度的因素是什么？

答：首先与地震本身有关，震级越大，震中距越小，震源深度越浅，破坏越重。其次是房屋本身的质量，包括其结构是否合理，施工质量是否到位等。再次是建筑物所在地的场地条件，包括场地土质的坚硬程度、覆盖层的深度，等等。最后，局部地形对震害的影响也很大。

197. 什么样的场地不适合建房?

答：选择建筑场地，须考虑房屋所在地段地下比较深的土层组成情况、地基土壤的软硬、地形和地下水的深浅等。以下场地是不利于抗震的：

活动断层及其附近地区；

饱含水的松沙层、软弱的淤泥层、松软的人工填土层；

古河道、旧池塘和河滩地；

容易产生开裂、沉陷、滑移的陡坡、河坎；

细长突出的山嘴、高耸的山包或三面临水田的台地等。

198. 如何及时维修老旧房屋?

答：为了抗御地震的突然袭击，对老旧房屋要注意经常维修保养。墙体如有裂缝或歪闪，要及时修理；易风化酥碱的土墙，要定期抹面；屋顶漏水应迅速修补；大雨过后要马上排除房屋周围积水，以免长期浸泡墙基。木梁和柱等要预防腐朽虫蛀，如有损坏及时检修。

199. 城镇哪些住房环境不利抗震?

答：以下住房环境不利于抗震：

处于高大建（构）筑物或其他高悬物下：如高楼、高烟囱、水塔、高大广告牌等，震时容易倒塌威胁房屋安全；

处于高压线、变压器等危险物下：震时电器短路等容易起火，常危及住房和人身安全；

危险品生产地或仓库附近：如果震时工厂受损引起毒气泄露、燃气爆炸等事故，会危及住房。

200. 农村和山区哪些住房环境不利抗震?

答：陡峭的山崖下，不稳定的山坡上：地震时易形成山崩、滑坡等可危及住房；

不安全的冲沟口（如平时易发生泥石流的地方）；

堤岸不稳定的河边或湖边：地震时岸坡崩塌可危及住房。

如果住房环境不利于抗震，就应当更加重视住房加固；必要时，应撤离或搬迁。

201. 怎样运用现有的地震目录和地震观测报告？

答：自 20 世纪 50 年代以来，我国已出版多个版本的全国性地震目录，主要有：《中国地震目录》（李善邦主编，1960），《中国地震目录》（李善邦主编，1970），《中国地震目录》（顾功叙主编，1983），《中国地震简目》（中国地震简目编写组，1988），《中国历史强震目录（公元前 23 世纪至公元 1911 年）》（国家地震局震害防御司编，1995）和《中国近代地震目录（公元 1912 年至 1990 年 $M_S \geqslant 4.7$）》（中国地震局震害防御司编，1999）。

需要说明的是，由于最新版本《中国近代地震目录（公元 1912 年至 1990 年 $M_S \geqslant 4.7$）》的资料截止到 1990 年，1990 年以后的地震资料宜以《地震观测报告》（中国地震局地球物理研究所）和《中国地震详目》（中国地震台网中心）为主，并参考中国地震局每年出版的《中国地震年鉴》和各省、市、自治区地震局的相关地震速报目录续补。

202. 编制地震目录有哪些内容？做哪些资料分析？

答：编制地震目录的主要内容有：

（1）根据地震部门正式公布的地震目录和地震报告，收集相关的地震资料；

（2）历史地震资料应包括区域内自有地震记载以来的全部破坏性地震事件；

（3）区域性地震台网地震资料应包括区域内自有区域性地震台网观测以来可定震中参数的全部地震事件；

（4）编制区域破坏性地震目录，包括发震时间、地点、震级、震源深度及定位精度等。

地震目录应包括发震时间、地点、震级、震源深度及定位精度等。应注意破坏性地震和近代微震的精度定义不同。要资料的分析有：

（1）根据目录的内容开展地震资料可靠性与完整性的分析。地震资料在时间分布上的完整性检验其直观方法是编制 M–T 图，从图上可以估计出地震资料缺失的时间范围。地震震级分布的完整情况通常用震级—频度关系的线性分布来检验。在一定震级区间内成线性关系，若在小震一端"掉头"，主要是小震漏记；在大震一端"掉头"，可能是统计时间不够长，或大震的发生需要更大的范围统计才比较合理。

（2）开展区域性地震台网观测资料的收集与整理。

①收集区域地震台网的观测历史、台站数目、位置、装备仪器的型号及灵敏度的沿革等资料，以便对台网资料不同震级地震的可信程度有基本了解。

②根据台网中各台站位置及仪器的灵敏程度分析本台网的空间控制能力，从而了解台网内及附件不同部位处、不同震级地震资料的可信程度。

（3）开展微震重新定位。最基本的定位原理就是利用 P 波和 S 波的时差，随着地震台网的加密，一般是通过求解各种条件下的线性方程组，得到较高精度的定位值。常用的有双差定位法。

203. 我国地震区、带与地球物理场特征之间有哪些关系？

答：中国大陆地区的地壳结构和地球物理场特征的差异主要表现在中国东西两大区，其次是青藏高原和天山地区。中国东部地区在各种重力异常图和行磁异常图以及地壳厚度分布上仍可以分辨出东北、华南和华北地区存在一定的差异。

地震区的分区边界往往是现代一级大地构造单元的边界带，或是重力梯度带、地壳厚度梯度带构成。通常是地球物理场和地壳结构相类似的地带，以及巨大的地壳结构变异带和地球物理场变异带，如重力、磁力梯度带和地热过渡带等。

我国地震活动的区域性特征为：

（1）中国东部和西部在地震活动空间分布的密度、强度、频度、条带分布等特征上存在显著的差异。

（2）中国东部的东北地区、华北地区、华南地区、台湾地区，无论从构造演化历史、新构造活动性、现代构造应力场、地球动力学背景、地震活动强度频度特征等方面均区分明显。

（3）中国西部的青藏地区、新疆地区在地质构造背景和地震活动性上也存在显著的差异。

204. 地震活动空间分布特征的分析方法有哪几种?

答：（1）编制地震震中分布图。

分别编制破坏性地震震中分布图、区域性地震台网记录的地震震中分布图；注明资料起止年代；注明主要地震的震级和发震日期；区分出浅源、中源和深源地震。

地震在空间分布的特征表现在强度和频度两个方面。为了能统一表现这两个方面的特征，可以采用活动度的概念。所谓活动度是指单位面积单位时间内发生的地震折合成某震级地震的次数，点 (x,y) 的活动度定义如下：$A_{M_0}(x,y)=\dfrac{1}{S\cdot T}\sum_{i=1}^{n}10^{b(m_i-m_o)}$。它综合了地震发生的频度和能量两个方面的特征，是描述地震活动空间分布特征的较好指标。对于每个点的活动度值，进行适当的平滑处理，可以得到地震活动度等值线图。

在某些地区，由震中分布图显示出条带或网络状分布特征。根据华北地区中强地震震中分布状况勾画出北东和北西两组震中分布条带组成的地震网络，在网络的交结处往往是大地震发生的地方，这种网络分布的格局和华北地区活动构造分布格局密切相关。

（2）研究震源随深度分布特征。

大地震的发生与地震构造活动有密切联系。在某一活动断裂带上，如果有多次强震或大震发生，则下一次地震很可能在其还没有强震或大震发生的空段上。

研究震源随深度的分布特征对于提高地震危险性分析的可靠性非常重要，也是地震活动性分析的重要内容之一。研究表明，震源深度对于地震危险性分析结果可能产生显著影响。例如，在华南地区某潜源近场点，震源深度变化 5 千米，相同超越概率所对应的加速度值变化了 25%。

205. 地震活动时间分布特征的分析目的是什么？方法有哪几种？

答： 分析区域地震活动时间分布特征的目的是寻找地震活动的趋势性特点，为评价未来地震活动水平和确定地震活动性参数提供依据。研究表明，我国一些地震区带的地震活动随时间表现出起伏特征，具有相对平静和显著活跃相互交替的发展过程，从平静期开始到活跃期结束称一个地震活动期。目前，分析区域地震活动时间分布特征都是在一定统计区内（地震带或地震区）进行，主要方法有 M–T 图、应变释放曲线等定性的方法，还有周期图分析、最大熵谱分析、极值分析等统计方法，实际工作中要依据具体情况选定。

（1）M–T 图（震级–时间分布图）是描述地震活动时间进程的最简单直观的方法，根据 M–T 图上发生地震的疏密（包括大小）来划分地震活动的相对平静和活跃期。地震相对平静期内地震少而强度弱，一般不发生或很少发生 7 级以上地震，6 级地震也很少发生；地震活动显著活跃期内地震多而且强度高，大量发生 6~7 级地震，并有若干 7 级以上甚至 8 级地震发生。从平静期开始到活跃期结束称为一个地震活动期。我国一些地震带已经了两到三个地震活动期，同一个地震区内各地震带各次地震活动期经历的时间大致相近。利用地震带活动的似周期性特点，可以分析未来地震活动的可能趋势。

（2）应变释放曲线图。可以由已经发生的地震震级，从震级能量公式求得。我国各地震带的应变释放曲线表明，我国的一些地震带的地震活动过程可分为四个阶段，即应变积累、"前兆"释放、大释放和剩余释放。应变积累阶段一般占到全历程的一半，最大震级一般小于 6；"前兆"释放最大震级可达 6 3/4–7 级，历史占全过程的 1/3 ～ 1/5；大释放阶段最大震级可以达到 8 到 81/2，持续数十年；剩余释放阶段活动性显著降低，最大震级可达 6–63/4 级，持续时间较短，过渡到下一个活动期的平静期。

206. 如何分析未来地震活动水平？

答：地震活动随时间表现出相对平静和显著活跃相互交替的发展过程。应根据一个地震统计区（地震带）现时所处的地震活动阶段，结合以上地震活动趋势的分析，估计未来 100 年地震活动水平，为评价该地震带地震年平均发生率提供依据。

207. 评价区域地震活动特征应包括哪些内容？

答：中国大陆地震活动分区特征及其差异是十分明显的。中国东部地震活动明显比西部弱，东部的地震活动周期和强震重复间隔也相应长于西部地区。在东部地区，华北地震区活动又明显强于华南和东北地震区。在西部地区，青藏高原地震活动区和天山地区也存在明显的差异。除了地震活动强弱和周期长短差别外，地震的构造类型、震源深度、*b* 值等各区也存在一定差异。

评价工程区域地震活动特征应包括以下内容：

（1）地震资料完整性、可靠性评价，包括区域范围最早记录到的历史地震、历史破坏性地震数量、最大历史地震、历史地震资料完整的年代，以及区域内现代地震观测台网记录的地震资料概况。

（2）地震活动空间分布特征评价，包括不同强度地震发生的空间分布特征、区域平均震源深度和优势分布范围等。

（3）地震活动时间分布特征评价，包括各地震带的地震活动期、各活动期的起止年限、未来 100 年地震活动水平。

（4）区域现代应力场特征评价，包括现代构造应力场的特征、最大和最小主应力方向。

（5）历史地震影响评价，包括工程场地所遭受到的最大历史地震影响烈度及烈度的频次特征。

208. 哪些因素影响场地地震烈度分布？

答：场地地震烈度会受地震动大小、地震动加速度大小的影响，除此之外，还可能受下列因素会对其产生影响：

（1）震源的影响。包括：①震源位错引起的地基变形。这种震害为地基失效引起的震害，属于静力破坏。②震源体释放的震动能量破坏。

（2）传播路径与距离的影响。

（3）场地条件地的影响。包括：①场地土对于地震动的滤波作用，导致地震动在特定频段上的放大作用，造成对地表和地下结构物破坏情况加重；②在地震动作用下某些特定的土层发生液化导致地基失效造成其上结构物的破坏；③场地下特定的地壳结构的界面对地震波的折射、反射作用，造成这些波在地表或地下特定位置相互作用（例如聚焦等），从而减轻或加重震害。

209.怎样确定地震烈度衰减关系？

答：我国的地震裂度等震线特别是高烈度等震线一般表现为近似椭圆形，因此，目前我国的地震烈度衰减关系多使用椭圆模型。确定时应注意以下方面：

（1）应采用有仪器测定震级的地震烈度资料确定地震烈度衰减关系。因为①历史地震的震级是由震中烈度换算的，不能作为独立参数使用；②历史地震的记载一般来自县志，其记录的破坏情况往往是以一个县的范围来勾划等震线，不如现代地震调查详细，如果将这些历史地震与仪器记录地震资料混合使用，势必使得到的衰减关系误差增大，可信度下降。

（2）地震烈度衰减模型应体现近场烈度饱和并与远场有感范围相协调。具体如下：①震源体的尺度在长轴方向大于短轴方向。②在震中处，长、短轴方向的烈度应相同。③在远场时，长、短轴方向的烈度应相同，震源尺度的影响已很小。这与低烈度等震线和地震有感范围近似为圆形的事实相对应。

（3）应将确定的地震烈度衰减关系和实际地震烈度资料进行对比，论述其适用性。为确定地震烈度衰减关系所使用的资料一般为较大区域的，地震烈度衰减关系是否适用于工程场地所在地区，还需要与本地区的地震烈度资料进行对比后才能确定。应与常用的地震烈度衰减关系和本区其他烈度衰减关系进行对比，并对所获得的衰减关系的特点进行说明。

210.怎样综合评价场地影响烈度？

答：通过分析场地的地震烈度，可以得到场地所遭受过的最大地震烈度和各个烈度值的频繁程度，与概率计算结果互相佐证。在收集历史地震资料时，除了区域范围内的破坏性地震外，区域外可能对工程场地产生Ⅵ度以上烈度影响的大震也在考虑之列。

开展场地影响烈度的综合评价。由于影响烈度的因素较多，难以用"点圆"或"点椭圆"衰减模型来描述，所以在建立用于统计分析的场地影响烈度目录时，不能简单地利用烈度衰减关系来估算场地影响烈度。对于较大的烈度值，应当根据场地及附近的宏观资料复核评定烈度。

对Ⅵ度以上的烈度值，要查阅《中国地震历史资料汇编》《中国历史地震图集》《中国历史强震目录》《中国近代地震目录》等资料的等震线图来核实场地影响烈度；对于较大的烈度值，尤其是场地可能位于烈度异常区内的情况时，应当根据场地及附近的宏观资料复核评定烈度。对于某些近期发生的强破坏性地震，应根据对工程场地及附近村镇的实际调查资料，复核评定场地影响烈度。

211. 如何确定地震动的衰减关系？

答： 在确定地震动衰减关系的过程中，有一些关键的技术问题需要特别加以重视，包括确定的地震动衰减关系是否针对工程场地地震环境，是否针对工程特点，不同地震动参数的衰减关系是否匹配等。这些问题直接关系到所确定地震动衰减关系的合理性，进而影响到地震危险性分析结果的可靠性。

确定地震动衰减关系主要包括以下步骤：

（1）资料收集；

（2）衰减关系模型确定；

（3）地震动衰减关系统计回归；

（4）缺乏足够强震动观测数据地区可采用转换方法或类比方法确定地震动衰减关系；

（5）地震动衰减关系适用性分析。

在具体确定某一地区的地震动衰减关系时应注意以下问题：

（1）在基岩地震动衰减模型中，应考虑地震动峰值加速度和反应谱的高频分量在大震级和近距离的饱和特性；

（2）具有足够强震动观测资料的地区，应采用统计回归方法确定地震动衰减关系；

（3）缺乏强震动观测资料的地区，可采用转换方法确定地震动衰减关系；

（4）应论述地震动衰减关系的适用性，Ⅰ级工作应进一步论证其合理性。

212. 怎样应用地震活动性特征划分潜在震源区？

答： 采用地震活动特征划分潜在震源区时，应包括以下内容：

（1）结合构造条件考虑破坏性地震的分布范围。

（2）考虑小地震活动条带的展布范围，确定潜在震源区的范围。

（3）用大地震后余震的分布范围，确定潜在震源区的范围。

（4）对于孤立的中强地震，如果发震构造条件不清楚，可以大致勾划正方形的潜在震源区。

（5）对于经常发生中等强度地震，但地震构造条件研究程度较差的地区，可以作为有中强地震发生的本地地震潜在震源区考虑。

总之，应考虑破坏性地震的震中分布、微震和小震密集带、古地震遗迹地段和地震空间分布图像的特征地段。应根据地震活动空间分布图像和地震构造几何特征确定潜在震源区边界。

213. 怎样应用地震活动性特征确定地震带震级上限？

答：在确定地震带的震级上限时，有两条主要依据：一是具有足够长时间和相对完整的历史地震资料的地震带，地震活动经历了一个以上的活动期，其记录到的最大地震强度可以反映该地震带能够发生的最大地震，可依据地震带内发生过的最大地震强度确定；二是根据地震构造特征进行构造类比外推，认为具有相似地震构造条件的地震带，其震级上限应该相似。在实际工作中，应综合考虑上述两条原则。

常以 CPSHA 方法来确定地震带震级上限：

在 CPSHA 方法中，将震级作为一个离散的随机变量，以 0.5 个震级单位为间隔划分震级档。设震级 m 分成 N_m 个震级档，m_j 表示震级范围为（$m_j \pm \frac{1}{2}\Delta m$）的震级档，$\Delta m = 0.5$。震级上限 M_{uz} 被简单处理成最高震级档的上边界值，震级下限（起算震级）M_0 被简单处理成最低震级档的下边界值。

地震带的震级上限 M_{uz} 涵盖了地震带内所有潜在震源区最大地震活动能力，因此，地震带内潜在震源区震级上限（M_u）应小于等于地震带的震级上限（M_{uz}）。

214. 地震带的震级－频度关系的分析方法是怎样的？

答：震级－频度关系式的系数 b 值，是确定地震带震级概率函数的重要参数。b 值是根据实际地震资料用统计回归的方法得出的，故所取资料的空间范围是否恰当、时间段是否合适、所取资料的完整程度如何，对于 b 值的合理性有极大影响。因此，地震安全性评价工作中在确定 b 值时，应对地震带内地震资料的完整性、可靠性、代表性进行必要的论证和说明，并对统计样本量以及结果的统计显著性进行必要的检验。

震级－频度关系在实际工作中是指震级－累积频度关系，表示成下式：

$\lg N(m)=a-bm$ 其中，表示 m 级以上的累积地震数目。在实际使用时，震级 m 取离散值，一般按间隔将最小震级 $m_{\min}$ 以上震级分成 n 档，m_i 取震级区间的下限值，a，b 为回归系数。

地震统计样本对 b 值估计有直接的影响。在实际应用中，回归样本的合适与否取决于以下两个方面：

一是否能够反映地震带未来地震活动趋势。我国一些历史地震记载较悠久的地震带，其地震活动常表现出显著活跃与相对平静时段交替出现的特征，尤其在东部地区，地震活动强弱交替的特点表现得比较显著。在不同的活动时段，地震活动水平差异极大。当处在地震活跃期时，大地震可以接连发生，而在相对平静期，仅有少量中强地震。

在评价未来地震趋势时，对未来地震活动 b 值的估计，使用的是以往地震样本，为了使选取的地震统计样本能够代表地震带未来地震活动水平，就必须合理地确定地震统计时段。如果预测未来地震带将处于活跃期时段，则应使用历史上相应活跃时段的地震样本进行统计，否则会低估未来地震活动的水平，使地震危险性分析结果偏于不安全。如果预测未来地震带将处于相对低活动水平时段，则应使用历史上包括了活跃与平静期整个时段的地震样本，以平均地震活动水平来考虑未来地震活动。

二是分析地震带内地震样本的分布是否反映地震带可能的地震发生状况。尽管我国历史地震记载丰富，但是不同区域地震资料的分布极不平衡。有些地震带历史地震记载缺乏，地震样本对中强地震的反映明显不足，用这样的样本得到的 b 值，会低估其地震活动水平。有些地震带地震样本集中于狭窄的震级域，造成样本点分布不均匀，这样得到的 b 值，也难以全面反映地震带可能的地震活动性。因此，必须对地震带地震样本的分布状况进行分析，并判断其分布的合理性。当样本分布不理想，可考虑采用拥有较多记录的小震级档样本和大震级档样本联合进行统计回归。

215. 本底地震震级和震级下限如何确定？

答：本底地震是地震带内划定的潜在震源区以外的地震活动。一般潜在震源区的震级上限是按半个震级单位为间隔来划分的，所以本底地震的震级可以按本地震带内各潜在震源区最低的震级上限减去半个震级单位来确定。各地的地震构造环境不同，本底地震的强度也不尽相同，华北地区可定为 5.5 级，华南地区可定为 5.0 级，西部地区的某些地震带（如川滇、昆仑等）可定为 6.0 级。

震级下限（起算震级）关心的是工程地震安全所需要考虑的最小震级。较小的地震事件不会对工程产生破坏影响，通常不予考虑。我国大部分地区的地震活动属于地壳内浅源地震，有资料记载一些 4 级地震也会产生一定程度的破坏，故地震安全性评价需要考虑的震级下限可取为 4 级。在一些特定地质条件的地区，3.0 级左右的地震也会产生破坏影响，因此，在这些地区可以根据以往经验适当调低起算震级。

216. 什么是潜在震源区各震级档空间分布函数？

答：在 1990 年颁布的《中国地震烈度区划图》（50 年超越概率 10%）编制时，CPSHA 方法中空间分布函数的确定采用的是多因子综合评判方法。其目的是尽可能地利用各种与地震发生相关的空间因子，根据它们在某一潜在震源区内的分布状况，以及它们与地震发生的相关程度，推断不同空间位置上地震危险程度的相对强弱差异。采用的主要因子有：

（1）潜在震源区的可靠性：考虑的是划分潜源时所依据的构造条件的可信程度；

（2）中长期地震预报成果：借鉴已有的中长期地震危险性预测研究成果，以中长期地震危险程度作为对潜在震源区未来危险程度的一种评判；

（3）大地震的减震作用：考虑大地震后，在一定的时空范围内，地震发生的可能性有一定的降低，以此对历史上大地震影响区域内的潜在震源区地震危险性程度进行一定调整；

（4）小震活动：考虑小震活动所提供的大震活动危险性背景；

（5）强震复发间隔与构造空段：考虑6级以上地震原地重复发生的概率分布；

（6）地震活动的重复性：用于在台湾和西部地区考虑地震发生的重复特点；

（7）相同震级档次地震的随机性：实际上考虑的是潜在震源区面积大小。

通过对上述各种因子的分析，确定因子的可能状态值，根据历史资料建立各因子状态值与地震危险性程度的统计或经验关系。针对潜在震源区内各因子的状态取值，确定相应的危险程度值，经加权综合，并对地震带归一化，得到各潜在震源区的空间分布函数。

《中国地震动参数区划图》GB18306 — 2001 中各潜在震源区划分方案潜在震源区空间分布函数的确定也采用的是相似的原则。

由于各地区不同强度地震的活动特征及构造条件不同，在确定不同震级档地震的空间分布函数时所选用的因子也不同。

对于4.0 ~ 5.9级以下的震级档，考虑到地震受构造因素的控制不明显，其随机性表现得比较强。因此，主要是考虑小地震空间分布密度。对6.0 ~ 7.4级以上的潜在震源区，主要考虑上述因子的综合加权分析。对于7.5以上震级档，空间分布函数的确定有所不同。

7.5 级以上的地震其孕震的范围往往大于一个地震带的范围，甚至相当于一个地震区，这从 7.5 级以上地震的影响场的分布特征上就能够看出。因此，该震级档的空间分布函数不能在地震带内进行归一化，应考虑更大的地震区范围，否则会极大地影响空间分布函数的合理性。同时，能够发生该档地震的潜在震源区数目很少，而且该震级档潜在震源区大多是历史上，甚至近期刚刚发生过大地震的地段（如唐山），考虑到高震级地震的复发周期较长，在确定该震级档空间分布函数时要注意采用由历史地震数据或古地震数据得到的复发周期的资料加以约束。

217. 什么是地震危险性确定分析方法？地震危险性概率分析的计算方法有哪些？

答：地震危险性确定性分析方法包括地震构造法和历史地震法，主要用于 I 级工作，如核电厂等重大建设工程项目中的主要工程的相应工作。取地震构造法和历史地震法结果中较大者作为地震危险性的确定性分析方法的结果。

考虑地震动衰减关系不确定性校正，宜分析潜在震源区及地震活动参数不确定性对结果的影响。对于地震安全性要求较高的重大工程，应充分考虑不确定性的影响。对于其他方面的不确定因素的影响，可根据结果对参数变化的敏感性分析来考虑对计算结果的适当的调整。I 级工作可以针对潜在震源区划分、地震活动性参数等的认识不确定性，形成多种可能方案，分别计算，对结果用"逻辑树"的方法。

开展地震危险性概率分析计算的方法有：

（1）I、II、III 级工作应以表格形式给出对工程场地地震危险性起主要作用的各潜在震源区的贡献，IV 级工作应说明起主要作用的潜在展源区。

（2）根据工程需要，应以图和表格的形式给出不同年限、不同超越概率的地震动参数。

依据全概率公式完成对场址地震危险性的超越概率计算。基于潜在震源区参数的场点超越概率计算公式为

$$P(A \geq a) = 1 - \text{Exp}(-\sum_{j=1}^{N_m} \sum_{k=1}^{N_z} \sum_{i=1}^{N_{ks}} \iint_{(x,y)_{ki}} \frac{2v_k}{A_{ki}} \cdot P(A \geq a | m_j, r_{(x,y)_{ki}}) \cdot f_{ki,mj}$$

$$\frac{\text{Exp}[-\beta_k(m_j - m_0)]}{1 - \text{Exp}[-\beta_k(m_{uk} - m_0)]} \cdot Sh(\tfrac{1}{2}\beta_k \Delta m) dx dy)$$

其中，$P_E(A \geq a | m_j, r_{(x,y)_k})$ 为第 k 个地震带内发生一次地震，在场点处产生的地震动 A 大于或等于给定值 a 这一事件出现的条件概率；$r_{(x,y)ki}$ 第 k 个地震带内第 i 个潜在震源区中的点（x,y）；v_k 为第 k 个地震带的地震年平均发生率；m_{uk} 为第 k 个地震带震级上限；m_0 为起算震级；$\beta_k = b_k \ln 10$。

在离散情况下，m 分成 N_m 档；m_j 表示震级范围为（$m_j \pm \frac{1}{2}\Delta m$）的震级档；第 k 个地震带被划分成 N_{ks} 个潜在震源区；$f_{ki,mj}$ 为第 k 个地震带内第 i 个潜在震源区第 m_j 档的地震空间分布函数。A_{ki} 为第 k 个地震带内第 i 个潜在震源区的面积。

P（$A \geq a$）称为场点给定地震动参数值 a 的年超越概率。P（$A \geq a$）–a 曲线即通常所谓的超越概率曲线。地震危险性概率分析计算需要给出给定年超越概率水平 P 的场点的地震动参数值。

概率地震危险性分析输出地震动参数的不同，取决于所采用的衰减关系的类型，但不同地震动参数的概率危险性分析计算过程是一致的。常用地震动参数类型有：地震烈度、地震动峰值加速度（水平向／竖直向）、地震动加速度反应谱（水平向／竖直向），有些特殊工程，如生命线工程，有时还需要提供地震动峰值速度等地震动参数。在进行反应谱的计算时，周期范围应当满足工程特点的需要，为了可靠地限定反应谱的形状，周期点数不应少于15个，并且应注意这些周期分布应相对均匀。

218. 地震危险性概率分析不确定性的校正方法有哪些？

答：概率地震危险性分析中，每个环节都存在不确定性，往往对结果会产生较大的影响。对于地震安全性要求较高的重大工程，应充分考虑不确定性的影响。

在目前实际应用的概率计算程序中，已经考虑了衰减关系的回归参数的不确定性。

对于其他方面的不确定因素的影响，可根据结果对参数变化的敏感性分析来考虑对计算结果的适当的调整。

Ⅰ级工作，可以针对潜在震源区划分、地震活动性参数等的认识不确定性，形成多种可能方案，分别计算，对结果用"逻辑树"的方法处理。

219. 怎样确定场地勘测中需要的土层物理力学参数？

答：场地地震工程地质条件勘测的目的是为进行场地设计地震动参数估计和场地地震地质灾害评价提供资料和数据。

场地地震工程地质条件勘测的内容：现场调查、收集、分析和整理工程地质、水文地质、地形地貌和地质构造资料。

我们应收集、整理和分析场地勘查相关资料，即收集、整理、分析工程场区及附近地区已有的工程地质勘查资料，为场地勘测的钻孔布设、钻孔深度确定，以及开展必要的原位测试工作提供依据。应充分利用工程可行性研究报告中勘察阶段或初步勘察阶段的工程地质勘查资料。

场地勘测中需要确定的土层物理力学参数有天然含水量、密度、天然密度、干密度、饱和度等。

对于可能发生饱和土液化的场地，应给出地下水位、标准贯入锤击数、粘粒含量资料等。

220. 场地勘测钻孔的布设有哪些要求?

答: (1) I 级工作应不少于三个深度达到基岩或剪切波速不小于 700 米 / 秒和钻孔。

(2) II 级工作的钻孔布置应能控制工程场地的工程地质条件, 控制孔应不少于两个; 地震小区划钻孔布置应能控制土层结构和工程场地内不同工程地质单元, 每个工程地质单元内应至少有一个控制孔。

(3) II 级工作和地震小区划, 控制孔应达到基岩或剪切波速不小于 500 米 / 秒处, 若控制孔深度超过 100 米时, 剪切波速仍小于 500 米 / 秒, 可终孔, 并应进行专门研究。

开展不同等级地震安全性评价工作对场地钻探、取样、现场波速测试。钻探要求按照每一土层取样不小于三件, 用蜡封装后送实验室做土工实验, I 级工作波速测试应该达到不小于 700 米 / 秒的层位, II 级工作和地震小区划应该达到不小于 500 米 / 秒。

221. 在地震地质灾害的场地勘查中, 地基土液化勘查有哪些内容和要求?

答: 在地震地质灾害的场地勘查中, 地基土液化勘查内容和要求有:

应调查历史地震造成的液化现象, 勘查地下水位、可能液化土层的埋藏深度, 测定标准贯入锤击数和颗粒组成。

I 级工作 (按地震动参数) 计算标准贯入锤击数基准值:

$$N_0 = \sum \varphi_i N_i / \sum \varphi_i$$

$$\varphi_i = \exp[-(\frac{a - b_i}{c_i})^2]$$

N_0: 标准贯入锤击基准值。

ρ_i: 按物项的类别由规定的地震加速度峰值推算出的验算地点的地面加速度值 (牛 / 秒^2)。

其余为计算系数，按下表取用：

i	N_i	b_i(g)	c_i(g)
1	4.5	0.125	0.054
2	11.5	0.250	0.108
3	18.0	0.500	0.216

Ⅱ级工作（按地震烈度），标准贯入锤击数基准值取值：

设计地震动分组	7度	8度	9度
第一组	6（8）	10（13）	16
第二、三组	8（10）	12（15）	18

崩塌、滑坡、地裂缝和泥石流勘查内容和要求包括：

应收集和调查地形坡度、岩石风化程度、古河道、崩塌、滑坡、地裂缝和泥石流等资料。

崩塌资料：崩塌类型、规模、范围，崩塌体的大小和崩落方向，崩塌区的地形地貌、岩性特征、地质构造、水文气象等资料。

滑坡资料：滑坡的类型、范围、规模、主滑方向、形成原因和稳定程度，以及场地的易滑坡地层分布与山体地质构造、地貌形态等资料。

地裂缝资料：场地裂缝发育的规模、特征和分布范围，分析形成裂缝的地质环境条件（地形地貌、地层岩性、构造断裂等），以及产生地裂缝的诱发因素（地下水开采）。

泥石流资料的调查与收集主要内容有工程场地及其上游沟谷、邻近沟谷形成泥石流的条件，包括地形地貌、水文气象和地下水活动情况、地层岩性、地质构造等，查明形成区断裂、滑坡、崩塌等不良地质现象的发育情况及可能形成泥石流固体物质的分布范围。

222. 场地岩土力学性能测定的内容有哪些?

答：在地震安全性评价工作中，对场地的岩土力学性能测定有以下内容：

Ⅰ级工作应对各层土样进行动三轴和共振柱试验；Ⅱ级工作和地震小区划工作应对有代表性土样进行动三轴或共振柱试验，内容是测定剪变模量比与剪应变关系曲线、阻尼比与剪应变关系曲线。

应进行分层岩土剪切波速的原位测量和密度的测定，应测定剪切模量比与剪应变关系曲线、阻尼比与剪应变关系曲线。

223. 怎样确定地震输入界面?

答：在地震输入界面确定方面，Ⅰ级工作应采用钻探确定的基岩面或剪切波速不小于 700 米 / 秒的层顶面作为地震动输入界面；Ⅱ级工作和地震小区划应按些列三者之一作为地震动输入界面：钻探确定的基岩面，剪切波速不小于 500 米 / 秒的土层顶面，钻探深度超过 100 米且剪切波速有明显跃升的土层分界面或由其他方法确定的界面。

严格讲，地震输入界面应具有两个基本特征：

一是地震输入面以外的介质应为基岩或足够坚硬且非线性较小的土体，用于保证地震输入面之下介质为线性或近似线性介质。

二是地震输入面之下介质的波速值与其上部土层的波速值之间应满足一定的比例条件，用于保证以弹性半无限空间介质来模拟界面之下的真实介质的精度。

选择多大剪切波速值的土层顶面作为地震输入面，它均应尽可能是界面上下土层之间波阻抗（密度 × 波速）比值较大（如大于 2）的土层分界面，且其下不存在较小波速值的土层。波速值的近似估计分两种情况：

一是对具有土性描述的钻孔，如果此钻孔附近有完整钻孔波速值的测点，可以采用土性及深度类比方法估计钻孔所缺波速值；如附近无完整钻孔波速值的测点，可以采用本地或工程地质条件相类似的其他地区的波速值随土类及埋深变化的统计经验关系式，估计钻孔所缺波速值。

二是对于深部无土性描述的钻孔，应利用钻孔附近其他钻孔的土性描述及波速值资料勾画出此钻孔周围的土层分界面分布图，并由此得到此钻孔深部的土性描述，而后利用土性及深度的类比方法依据附近钻孔波速资料估计此钻孔所缺深部波速值，并确定计算地震输入面。

224. 地震动时程合成的方法有哪些？

答：工程实践中常用的方法是拟合反应谱的三角级数叠加法。该方法以给定的地震动参数值包括峰值加速度、加速度反应谱和时程强度包络函数为目标参数值，采用迭代调整技术合成满足一定拟合控制精度的地震动时程。对于Ⅰ级工作，反应谱的拟合应符合 GB50267 — 1997《核电站抗震设计规范》中 4.4.2.3 条的规定；对于Ⅱ级和地震小区划工作，反应谱拟合周期控制点数不得少于 50 个，周期控制点应大体均匀地分布于周期的对数坐标上，控制点谱的相对误差应小于 5%。

不同级别地震安全性评价工作地震动时程合成宜运用拟合反应谱三角级数叠加法。以给定的地震动参数值包括峰值加速度、加速度反应谱和时程强度包络函数为目标参数值，采用迭代调整技术合成满足一定控制精度的地震动时程。

225. 场地地震反应分析模型及参数确定有哪些方法？地震动峰值加速度复核有哪些内容？

答：地面、土层界面级基岩面均较平坦时，可采用一维分析模型；土层界面、基岩面或地表起伏较大时，宜采用二维或三维分析模型。

一维场地模型是一种半无限弹性均匀基岩空间上覆盖水平成层土体的模型，它是一种理想化的场地力学模型：假定土层沿两个方向均匀不变，而仅沿竖向分层变化（层内无变化），对于大多数局部场地或大面积场地（如城市区划场地）的局部范围是适用的。对于局部范围内地面、土层界面及基岩面在一个水平方向较平坦而在另一个水平方向起伏较大的场地，宜采用二维场地模型。对于局部范围内地面、土层界面及基岩面在两个水平方向起伏均较大的场地，宜采用三维场地模型。

地震动峰值加速度复核的内容主要有：

（1）搜集工程场不小于 150 千米内的通过评审的安评和地震区划报告，分析报告中提供潜在震源区和地震活动性资料，确定对场地 50 年 10% 峰值加速度起主要作用的潜源区。

（2）搜集工程场不小于 25 千米内仪器记录资料、活动断层探测资料，地震地质调查资料，对潜源的边界和震级上限进行复核，形成地震危险性分析计算的基础数据。

（3）采用 GB18306 — 2001《中国地震动参数区划图》的衰减关系和中国局推荐的软件。

（4）计算得到 50 年 10% 的地震动基岩加速度，利用 GB18306 — 2001《中国地震动参数区划图》的转换系数，得到 50 年 10% 中硬场地的峰值加速度。

（5）对上述结果进行综合分析，按 GB18306 — 2001《中国地震动参数区划图》区划分档方法确定峰值加速度。

226. 土力学参数有哪些确定的方法？有哪几种场地地震反应分析的常用方法？确定中硬场地地震峰值加速度的方法有哪些？

答： 土力学参数包括密度、剪切波速和 P 波波速、土体动力非线性关系 [剪变（压缩）模量比与剪（轴）应变关系曲线、阻尼比与剪（轴）应变关系曲线]。

场地地震反应分析 Ⅰ 级工作应根据土力学性能测定结果确定，Ⅱ 级工作和小区划应有土力学性能测定结果及相关资料确定。常用方法如下：

等效线性化波动法：一维模型土层厚度应划分得足够小，使层内各点剪应变幅值大体相等，在计算中合理地反映较厚土层中不同深度位置土体的非线性程度的差别。根据理论分析和计算经验，计算土层厚度控制在所考虑的有效地震波最短波长的 1/20 ~ 1/5 范围内，计算土层厚度与土层的波速值成正比例关系。

非线性时域方法：用于一维土层模型。具有更为合理的反映土体非线性特性对场地地震动影响的物理过程的优势，特别是对具有较厚覆盖土层的场地及地震动输入强度较大（如基岩地震动峰值加速度大于 0.02 牛 / 秒 ^{2}）的情况。

二维及三维模型采用有限元方法求解，有限元网格在波传播方向的尺寸应在所考虑最短波长的 1/12 ~ 1/8 范围内取值，以确保场地地震反应计算中所考虑的地震动高频成分计算结果的精度。

应根据中硬场地地震动参数与基岩场地地震动参数的对应关系，确定中硬场地的峰值加速度。GB18306 — 2001《中国地震动参数区划图》中地震动峰值加速度（中硬场地）与基岩场地地震动峰值加速度的对应关系为：

$$a_{hs} = k_s a_r$$

$$k_s = \begin{cases} 1.25 & a \leq 62.5 \\ 1.25 - (a - 62.5)/1250 & 62.5 < a \leq 375 \\ 1 & a > 375 \end{cases}$$

原则进行归档。

GB18306 — 2001《中国地震动参数区划图》在处理城市附近的分区界限时，进行了政策性考虑，一般采取了保守原则，尽量将城市划入较高的地震动峰值加速度分区内。考虑到华中、华南弱地震活动背景，GB18306 — 2001《中国地震动参数区划图》中将这些地区的 0.05 牛 / 秒 2 的下界确定为 0.025 牛 / 秒^2。

第四章　地震灾害救援及重建知识问答

第四章　地震灾害救援及重建知识问答

227. 地震时的应急防护原则是什么？

答： 遭遇地震时，应就近躲避，震后迅速撤离到安全的地方。所谓就近躲避，就是应因地制宜，根据不同情况而采取不同对策。

228. 为什么说震后迅速恢复社会秩序和生产有巨大的减灾效益？

答： 自然灾害常伴有严重的社会秩序和生产活动的混乱。就地震灾害而言，强烈地震不仅对人民生命财产安全构成威胁，使国民经济遭受巨大的损失，而且会造成局部地区政府机能的暂时运作失灵，从而影响人们正常的生活、生产秩序，同时，给人们精神带来强烈冲击。在这种情况下，会造成以下后果：其一，由于管理措施落伍，宣传组织群众自救不力，会出现交通堵塞、骚乱事件事件及抢购物资、误传、谣传、误发警报、迷信活动等，不仅自救无力，而且会蔓延次生灾害，扩大停寸：停产面；其二，会出现哄抢物资、破坏救灾及监测设施，还会出现各种刑事犯罪活动。因此，制定地震社会治安对策，有利于保证地震后迅速恢复社会和生产秩序，有效地控制某些次生灾害的蔓延，迅速重建家园，进一步减少地震灾害造成的损失。

在救灾应急阶段基本完成后，最主要的任务就是恢复生产，其目的是恢复灾区正常经济生活和社会生活，对城市生命线工程进一步完善，从而减轻国家的负担，增强灾区的救灾能力和自我恢复的效率，同时，恢复生产可缩小地震造成的间接经济损失，有效控制国民经济的负值增长。

根本减轻地震灾害的措施有：一是在城市和工程建设中，开展详尽的地震地质调查和地震活动性的研究，做好地震区划和圈划地震危险区工作；二是工程建筑要根据本地区的基本地震动参数和抗地震设防标准进行施工；三是对老旧房屋采取相应的加固和防地震措施；四是加强地震监测和地震预报工作，提高预报水平。

229. 救灾工作中抢救的重要目标是什么？

答：地震发生后，为尽快使更多的蒙难者脱险，减少伤残和死亡，应迅速对被埋压伤员和处在火、毒气等危险现场的遇难者进行抢救与救护，对危重伤员采取救治措施。疏散、安置危险的群众，妥善解决灾民吃、喝、穿、住等紧急生活问题。同时，注意采取措施控制灾情，防止诱发性灾害蔓延。及时处理尸体，并进行卫生防疫，以防滋生瘟疫。紧急抢修被地震破坏的交通、供水、供电、通信等生命线工程。加强监视、控制和排除可能造成灾害的危险因素和险情。在地震区实行严格的管制措施，做好宣传和安全保卫工作，迅速恢复社会生活和生产秩序。这就是救灾工作中抢救的主要目标，在组织救灾时应首先予以考虑。

230. 怎样估算由地震灾害所造成的经济损失？

答：在地震发生后，短时间内估算出地震造成的经济损失、人员伤亡和无家可归人员数的总损失，称为地震灾害损失评定。它为采取紧急救灾措施、制定恢复生产重建规划等提供基础资料。地震灾害评定主要是对那些与国民经济建设和人民生命财产：有关的地震损失的评定。在初估中重点可放在房屋破坏和重大工程破坏的损失，适当兼顾其他破坏损失。地震所造成的经济损失评估是地震灾害评定工作中的重要组成部分。

地震灾害评估的方法目前采用遥感调查与地面调查两种方法。评估地震所造成的经济损失是个比较复杂的问题，特别是发生在现代化城市的强地震，破坏较为复杂，为评估工作带来了困难。如果灾区的交通不便，调查人员无法深入破坏区进行评估工作，往往会造成暂时的空白区。在这种情况下，我们可用遥感调查的方法评估地震的破坏。一般是运用航空摄影，从摄下的照片上进行判读分析。另外，有时为了快速评估灾情，也通常采用此法。在可以直接进行调查的地区，通采常用地面调查方法。

地震造成的经济损失分为直接的和间接的两部分。

直接损失的经济评估分为不动产和可动产两部分进行，就农村民用建筑和居民住户来说，不动产部分为住房、家用机井和栽种的果木、树林、农田等。动产部分包括家具、电器、农具、生活用具、家畜、粮食、现金等。不动产部分据地震破坏轻重程度，要区分出高低不同档次。以住房为例，要区分出倒塌、严重破坏、破坏、损失、完好等类别。动产部分的经济损失也是根据破坏情况加以区分。地震时，如房屋没有倒塌，不动产部分的经济损失相对要小得多。

公用建筑、公共场所、国营企业、商店等也同样包括动产与不动产经济损失方面的评估，例如医院的医疗器械、药品柜等遭地震的破坏，都可作为动产部分的损失。

在一些业务较强的地方，如公共设施中的一些构筑物（水塔、烟囱、引水渡槽等）、工厂、电站、大坝、桥梁、公路、港口、油田等所遭的地震破坏，在经济损失的评估上，还要由专家们作出专门性的评估。

间接经济损失评估，是由地震造成的间接损失评估工作。

如工厂因地震破坏而停产、电厂供电不足或停电、交通遭破坏而中断等引祖的经济损失。再如：地震破坏有时会引起次生灾害，即地震后生成的火灾，地震引发的水灾，造成的经济损失也属于间接损失评估。

231. 怎样在室内准备好避震的场所和通道？

答：（1）遭遇地震时，应准备的避震场所：

①将坚固的写字台、床或低矮的家具下腾空；

②把结实家具旁边的内墙角空出来；

③有条件的可按防震要求布置一间抗震房。

（2）保持室内外通道的畅通：

①室内家具不要摆放太满；

②房门口、内外走廊上不要堆放杂物。

232. 什么是室内的避震空间？

答：由于预警时间毕竟短暂，室内避震更具有现实性。而室内房屋倒塌后所形成的三角空间，往往是人们得以幸存的相对安全地点，可称其为避震空间。这主要是指大块倒塌体与支撑物构成的空间。

室内易于形成避震空间的地方有：

（1）炕沿下，结实牢固的家具附近；

（2）内墙（特别是承重墙）墙根、墙角；

（3）厨房、厕所、储藏室等开间小、有管道支撑的地方。

室内最不利避震的场所有：

（1）附近没有支撑物的床上、炕上；

（2）周围无支撑物的地板上；

（3）外墙边、窗户房。

233. 避震时应怎样保护自己？

答：应采取有利于避震的姿势：

（1）趴下，使身体重心降到最低，脸朝下，不要压住口鼻，以利呼吸。

（2）蹲下或坐下，尽量蜷曲身体。

（3）抓住身边牢固的物体，以防身体移位暴露在坚实物体外而受伤。保护身体的重要部位。

（4）保护头颈部：低头，用手护住头部和后颈；有可能时，用身边的物品，如枕头、被褥等顶在头上。

（5）保护眼睛：低头、闭眼，以防异物伤害。

（6）保护口、鼻：有可能时，可用湿毛巾捂住口、鼻，以防灰土、毒气。

234. 家住楼房怎样避震？

答：应选择较安全的地点避震。室内较安全的避震地点有：

（1）坚固的桌下或床下；

（2）低矮、坚固的家具边；

（3）开间小、有支撑物的房间，如卫生间；

（4）内承重墙墙角；

（5）震前准备的避震空间。

235. 在公共场所怎样避震？

答：（1）在影剧院、体育场馆，观众可趴在座椅旁、舞台脚下，震后在工作人员组织下有秩序地疏散；

（2）正在上课的学生，迅速躲在课桌下躲避，震后在教师指挥下迅速撤离教室，就近在开阔地带避震；

（3）在商场、饭店等处，要选择结实的柜台、商品（如低矮家具等）或柱子边、内墙角等处就地蹲下，避开玻璃门窗、橱窗和柜台；避开高大不稳和摆放重物、易碎品的货架；避开广告牌、吊灯等高耸或悬挂物；

（3）避震时用双手、书包或其他物品保护头部；

（4）震后疏散要听从现场工作人员的指挥，不要慌乱拥挤，尽量避开人流；如被挤入人流，要防止摔倒；把双手交叉在胸前保护自己，用肩和背承受外部压力；解开领扣，保持呼吸畅通。

236. 在户外怎样避震?

答：户外遭遇地震时，应避开高大建筑物或构筑物如：

①楼房，特别是有玻璃幕墙的建筑；

②过街桥、立交桥；

③高烟囱、水塔等。

应避开危险物、高耸或悬挂物；

①变压器、电线杆、路灯等；

②广告牌、吊车等；

③砖瓦、木料等物的堆放处。

应避开其他危险场所：

①狭窄的街道；

②危旧房屋、危墙；

③女儿墙、高门脸、雨棚；

④危险品如易燃、易爆品仓库等。

237. 在野外怎样避震?

答：遭遇地震时，应避开山边的危险环境：

①不要在山脚下、陡崖边停留；

②遇到山崩、滑坡，要向垂直于滚石前进的方向跑，切不可顺着滚石方向往山下跑；

③也可躲在结实的障碍物下，或蹲在沟坎下；要特别注意保护好头部。

避开水边的危险环境；

④河边、湖边、海边，以防河岸坍塌而落水，或上游水库坍塌下游涨水，或出现海啸；

⑤水坝、堤坝上，以防垮坝或发生洪水；

⑥桥面或桥下，以防桥梁坍塌时受伤。

238. 震时被困在室内应如何保护自己？

答：大震后余震不断发生，室内的环境可能进一步恶化，等待救援要有一定时间，因此，应尽量保护自己。

（1）沉住气，树立生存的信心，要相信一定会有人来救你。

（2）保持呼吸畅通，尽量挪开脸前、胸前的杂物，清除口、鼻附近的灰土。

（3）设法避开身体上方不结实的倒塌物、悬挂物。

（4）闻到煤气及有毒异味或灰尘太大时，设法用湿衣物捂住口、鼻。

（5）搬开身边可移动的杂物，扩大生存空间。

（6）设法用砖石、木棍等支撑残垣断壁，以防余震时被埋压。

239. 在废墟中如何设法逃生？

答：遭遇地震时，在废墟设法逃生有：

（1）设法与外界联系。仔细听听周围有没有人，听到人声时敲击铁管、墙壁，发出求救信号。

（2）与外界联系不上时可试着寻找通道。观察四周有没有通道或光亮；分析、判断自己所处的位置，从哪儿有可能脱险；试着排开障碍，开辟通道。

（3）若开辟通道费时过长、费力过大或不安全时，应立即停止，以保存体力。

240. 震时暂时不能脱险应怎样保护自己？

答：遭遇地震时，暂时不能脱险应：①保存体力。不要大声哭喊，不要勉强行动。②延缓生命。寻找食物和水；食物和水要节约使用；无饮用水时，可用尿液解渴。③如果受伤，想办法包扎；尽量少活动。

241. 遭遇地震时怎样延长生存时间？

答：遭遇地震时，被埋压在废墟下，延长生存时间的方法有：

（1）树立坚定的生存信念；

（2）不要大哭大叫，减少体力消耗；

（3）尽量注意休息，保存体力；

（4）寻找一切可以维持生命的食物和水；

（5）设法包扎伤口，等待救援，并设法与救援人员取得联系。

242. 无法脱险时怎样求救？

答：遭遇地震时，被埋压在废墟下，无法脱险当听到废墟外面有声音时，要不间断地敲击身边能发出声音的物品，如金属管道等，向外界求援。想尽一切办法与外面救援人员联系。

243. 地震中遇到特殊危险怎么办？

答：在特殊危险地区遭遇地震时，应该注意：

（1）燃气泄露时：用湿毛巾捂住口、鼻，千万不要使用明火，震后设法转移。

（2）遇到火灾时：趴在地上，用湿毛巾捂住口、鼻。地震停止后向安全地方转移，要匍匐、逆风而进。

（3）毒气泄露时：遇到化工厂着火、毒气泄漏，不要向顺风方向跑，要绕到上风方向，并尽量用湿毛巾捂住口、鼻。

（4）应注意避开的危险场所：如生产危险品的工厂，危险品、易燃、易爆品仓库等。

244. 在学校的师生如何避震？

答：在学校的师生遭遇时，最重要的是学校领导和教师的冷静与果断。有中长期地震预报的地区，平时要结合教学活动，向学生们讲述地震和防、避震知识。地震前应安排好学生转移、撤离的路线和场地；震后沉着地指挥学生有秩序地撤离。在比较坚固、安全的房屋里，可以躲避在课桌下、讲台旁，教学楼内的学生可以到开间小、有管道支撑的房间里，绝不可让学生们乱跑或跳楼。

245. 地震时，在街上行走时如何避震？

答：地震发生时，要镇静，若在街上行走时应注意避开高层建筑物的玻璃碎片和大楼外侧混凝土碎块以及广告招牌、马口铁板、霓红灯架等可能掉下伤人。同时，最好能将身边的皮包或柔软的物品顶在头上，无物品时也可用手护在头上，尽可能做好自我防御的准备，应该迅速远离电线杆和围墙地段，跑向比较开阔的地区躲避。

246. 在车间里的工人如何避震？

答：在车间里的工人可以躲在车、机床及较高大设备下，不可惊慌乱跑，特殊岗位上的工人要首先关闭易燃易爆、有毒气体阀门，及时降低高温、高压管道的温度和压力，关闭运转设备。大部分人员可撤离工作现场，在有安全防护的前提下，少部分人员留在现场随时监视险情，及时处理可能发生的意外事件，防止次生灾害的发生。

247. 地震发生时行驶的车辆应如何应急？

答：当行驶的车辆遭遇地震时：①司机应尽快减速，逐步刹闸；②乘客（特别在火车上）应用手牢牢抓住拉手、柱子或座席等，并注意防止行李从架上掉下伤人，面朝行车方向的人，要将胳膊靠在前坐席的椅垫上，护住面部，身体倾向通道，两手护住头部；背朝行车方向的人，要两手护住后脑部，并抬膝护腹，紧缩身体，做好防御姿势。

248. 地震发生时在楼房内的人员如何应急?

答：地震一旦发生，首先要保持清醒、冷静的头脑，及时判断震动状况，千万不可在慌乱中跳楼，这一点极为重要。其次，可躲避在坚实的家具下，或墙角处，亦可转移到承重墙较多、开间小的厨房、厕所去暂避一时。因为这些地方结合力强，尤其是管道经过处理，具有较好的支撑力，抗震系数较大。总之，震时可根据建筑物布局和室内状况，审时度势，寻找安全空间和通道进行躲避，减少人员伤亡。

249. 在商店遇震时如何应急?

答：在百货商店遭遇地震时，要保持镇静。由于购物人员较多，所以人流拥挤慌乱，商品下落，可能使避难通道阻塞。应躲在近处的大柱子和大商品旁边（避开商品陈列橱），或朝着没有障碍的通道躲避，然后屈身蹲下，等待地震平息。若处于高楼上，原则上向底层转移为好，但楼梯往往是建筑物抗震的薄弱部位，因此，要看准脱险的合适时机。服务管理人员要组织群众就近躲避，震后安全撤离。

250. 在平房遭遇地震如何避震?

答：住在平房的人们遭遇地震时要行动果断，就近躲避。紧急外出，切忌往返，若处于房门附近，室外无障碍，无危房或狭巷，可立即跑到室外；已经冲到室外的人，在短时间内，不要急于返回室内。来不及跑出时，应迅速贴炕沿趴下，脸朝下，头近山墙，两只胳膊在胸前相交，右手正握左臂，鼻梁上方、两眼之间的凹部枕在臂上，闭上眼、嘴，用鼻子呼吸。这样地震时虽房屋倒塌，由于有残墙和家具支撑，亦可免于伤亡或窒息，就能安然无恙。

251. 在影剧院、体育馆等处怎样避震？

答：在开阔的影剧院、体育馆等处遭遇地震时，一般的影剧院都采用大跨度的薄壳结构屋顶，重量轻、震时不易塌，塌下来重量也不大。千万不要乱跑，否则乱挤乱踩，会发生踩踏事故。应就地蹲下或趴在排椅下；位于前排的观众可在舞台或乐池下躲避，位于门口的观众可以迅速跑出门外；注意避开吊灯、电扇等悬挂物，保护头部；等地震过去后，听从工作人员指挥，有组织地撤离。

252. 因地震被埋压时应注意哪些问题？

答：当被埋压在废墟下时，应坚定有生的信心，至关重要的是不能在精神上发生崩溃。应谨防烟尘呛闷窒息的危险，可用毛巾、衣服等捂住口鼻，以防烟尘呛闷；用可搬动物品支撑身体上面的重物，以防倒塌；尽量想法摆脱困境。不得已需留在原地等候救援时，不可盲目呼救，尽量减少体力消耗，寻找一切可以充饥的物品；若防震包在身旁，可打开收音机或手电，向外传送信息；利用一切办法与外面救援人员进行联系（如敲击器物），积极主动配合地面营救。总之，无力脱险时，要注意保存体力，等待救援。

253. 震后救人的原则是什么？

答：遭遇地震时，地震后救人的原则是：

（1）先救近处的人。不论是家人、邻居，还是萍水相逢的路人，只要近处有人被埋压就要先救他们。相反，舍近求远，往往会错过救人良机，造成不应有的损失。

（2）先救容易救的人。这样可加快救人速度，尽快扩大救人队伍。

（3）先救青壮年。这样可使他们迅速在救灾中发挥作用。

（4）先救"生"，后救"人"。唐山地震中，有一个农村妇女，她为了使更多的人获救，采取了这样的做法：每救一个人，只把其头部露出，使之可以呼吸，然后马上去救别人；结果她一人在很短时间内救出了好几十人。

254. 挖掘扒救被埋压人员时，应掌握什么原则？

答：挖掘扒救被埋压人员时，应掌握以下原则：①先易后难；②先近后远；③先轻伤后重伤；④先扒活者后挖死者；⑤尽可能地先扒青壮年和医务工作者；⑥对于被压埋程度浅，伤势不重者可先将头、胸露出后，暂时放置，先急救周围的被埋压者。总原则是争取时间，扩大战果，最大限度地减少由于扒救挖掘的失误造成的伤亡。

255. 震后如何寻找被埋压者？

答：震后寻找被埋压者时，应该注意：①找熟悉情况的人指点；②按照当地居住习惯或在门窗附近寻找；③对话联系以及与被埋压者敲击器物联络；④俯身趴在废墟上面仔细听寻；⑤尽可能借助一切有效的工具或手段；⑥不要轻易离开寻找目标及环境；⑦有组织地分面分片分户包干彻底寻找。

256. 在挖掘扒救被埋压者时，应遵循什么样的扒救次序？

答：在挖掘扒救被埋压者时，扒救应遵循：①确定头部位置，先将头部扒出，并设法将呼吸道的堵塞物排除；②上肢；

③下肢；④在无法确定伤情之前，绝对禁止强力牵拉四肢；⑤切忌因救人心切，忽略上下左右的环境伤害其他未被挖救者。

257. 地震灾害安全脱险后应如何参加抢救挖掘工作？

答： 若遭遇地震时，安全脱险后应尽快投入抢救挖掘工作。挖掘抢救时，应先救近，再救远；先救轻伤和青壮年，以增加帮手。挖掘时应保护支撑物，使被埋者免遭履压。要使伤者先暴露头部，并清除口鼻内异物，使其呼吸畅通，如有窒息，应立即进行人工呼吸。被埋者不能自行爬出时，不可生拉硬扯，以免造成进一步损伤。脊椎损伤者，搬运转移时，应用门板或硬担架，不可使脊椎弯曲或扭转。

258. 震后抢救埋压窒息伤员时，有几种人工呼吸方法？

答： ①口对口吹气法；②仰卧压胸法；③心脏挤压术；④针刺疗法。以上几种方法可以交替进行。

259. 震后怎样救护脊椎伤员？

答： ①首先在挖掘伤员时，只要伤员的颈、脊椎、腰剧痛者，均可按脊柱伤员处理。②挖掘时，绝不可用力牵拉未完整露出者的上肢或下肢，以免加重骨折错位。③搬运时避免脊柱的弯曲或扭转。用硬板担架搬运，最好将伤员固定，绝对禁止一人抬肩一人抬腿的错误搬运方法。

260. 怎样给伤员止血？

答： （1）一般止血法：创口小的出血，用生理盐水局部冲洗，周围用75%的酒精涂擦消毒。涂擦时，先从近伤口处向外周擦，然后盖上无菌纱布，用绷带包紧即可。如头皮或毛发部位出血，应剃去毛发再清洗、消毒后包扎。

（2）指压止血法：在采取指压止血法进行止血时，应根据出血的部位不同，压迫不同的部位达到止血的目的。

（3）填塞止血法：对软组织内的血管损伤出血，用无菌绷带、纱布填入伤口内压紧，外加大块无菌敷料加压包裹。

（4）加压包扎止血法：先用纱布、棉垫、绷带、布类等做成垫子放在伤口的无菌敷料上，再用绷带或三角巾加压包扎。

（5）止血带止血法：常用的有橡皮和布制两种。在紧急情况下常选用绷带、布带（衣服扯成条状）、裤带、面巾代替。

261. 怎样给伤员包扎？

答：（1）包扎的动作要轻、快、准、牢。避免碰触伤口，以免增加伤员的疼痛、出血和感染。

（2）对充分暴露的伤口，要尽可能地先用无菌敷料覆盖伤口，再进行包扎。

（3）不要在伤口上打结，以免压迫伤口而增加痛苦。

（4）包扎不可过紧或过松，以防滑脱或压迫神经和血管，影响远端血液循环。如是四肢，要露出指（趾）末端，以便随时观察肢端血液循环情况。

262. 怎样给伤员固定骨折部位？

答：（1）本着先救命后治伤的原则，对呼吸、心跳停止者应立即进行心肺复苏。有大出血时，应先止血，再包扎，最后再固定骨折部位。

（2）对于大腿、小腿和脊柱骨折，应就地固定，不要随便移动伤员。

（3）骨折固定的目的，只是限制肢体活动，不要试图整复。如患肢过度畸形不便固定时，可依伤肢长轴方向稍加牵引和矫正，然后进行固定。

（4）对四肢骨折断端固定时，先固定骨折上端，后固定骨折下端。若固定顺序颠倒，可导致断端再度错位。

（5）固定材料不能与皮肤直接接触，要用棉花等柔软物品垫好，尤其骨突出部和夹板两头更要垫好。

（6）夹板要扶托整个伤肢，将骨干的上、下两个关节固定住。绷带和三角巾不要直接绑在骨折处。

（7）固定四肢时应露出指（趾），随时观察血循环，如有苍白青紫、发冷、麻木等情况，立即松开重新固定。

（8）肢体固定时，上肢屈肘，下肢伸直。

（9）开放性骨折禁用水冲，不涂药物，保持伤口清洁；外露的断骨严禁送回伤口内，避免增加污染和刺伤血管、神经。

（10）疼痛严重者，可服用止痛剂和镇静剂，固定后迅速送往医院。

263. 如何搬运地震伤员？

答： 地震后，搬运伤员时应注意：伤员宜躺不宜坐，昏迷伤员应侧卧或头侧位，要严密观察伤员神情；要保护颈椎、脊柱和骨盆。

一个人运送伤员：可采用扶行法、背负法、爬行法或抱持法。

两个人运送伤员：可采用轿杠式或双人拉车式。

三个人运送伤员：可采用三人同侧运送。

制作简易担架：可用上衣、被单、绳索、门板与木棍组合等方式做成简易担架进行搬运。

264. 震后应给予被救出人员哪些特殊护理？

答：（1）蒙上他的双眼，使其避免强光的刺激。

（2）不可让其突然进食过多。

（3）要避免被救的人情绪过于激动，应给予必要的心理抚慰。

（4）对受伤者，要就地做相应的紧急处理。

265. 如何救治和护送伤员？

答： （1）首先要仔细观察和询问伤员的伤情。

（2）对于颈、腰部疼痛的患者特别要注意让他平卧，并尽量躺在硬板上；搬运时保证其头颅、颈部和躯体处于水平位置，以免造成脊髓损伤。

（3）昏迷的伤员要平卧，且将其头部后仰、偏向一侧，及时清理口腔的分泌物，防止其呼吸道堵塞。

（4）给伤员喝水时，一定要先从少量开始，以免大量饮水造成急性胃扩张，导致严重后果。

（5）可用衣被、绳索、门板、木棍等组合成简易担架搬运伤员。

266. 地震发生后，如何做好尸体处理工作？

答： 地震发生后，暴露的人畜尸体很快腐烂，散发尸臭，污染环境。为保障处理尸体工作的顺利开展应做好下列卫生防护工作：

（1）尸体的消毒、除臭。尸体挖埋作业小组要配备消毒人员，应紧跟作业人员边挖边喷洒高浓度漂白粉、三合二乳剂或除臭剂。将尸体移开后，对现场应喷洒除臭。在装车运走的过程中，应将尸体用衣服、被褥包严，装入塑料袋内将口扎紧，防止尸臭逸散。应先在运尸车厢底部垫一层砂土，或垫塑料布，防止尸液污染车厢。应有计划地选择远离（5千米）城镇和水源的地点深埋。在农村，应使用指定的牛车、架子车等运输工具。

（2）挖掘、搬运和掩埋尸体作业人员，应合理分组，采取多组轮换作业，防止过度疲劳，缩短接触尸臭时间。

（3）尸体挖埋作业人员要戴防毒口罩，穿工作服，扎橡皮围裙，戴厚橡皮手套，穿高腰胶靴，扎紧裤脚、袖口，防止吸入尸臭中毒和尸液刺激损伤皮肤。

（4）挖埋尸体人员作业完毕，先在距生活区 50 米左右的消毒站脱下工作服，由消毒人员消毒除臭。进入宿舍后，应换上清洁衣服。

（5）应设置临时开水和就餐食物送到作业人员站，防止污染饮用水和碗筷。

267. 如何搞好地震后的环境卫生？

答： 地震发生后，应管好粪便。卫生防疫人员应指导居民选择合适地点，建好应急公共厕所，坑深要求做到 1.5 米深左右、口窄（0.5 米宽）、加盖，四周挖排水沟，外围草帘。建临时垃圾坑及污水坑。应定期喷洒杀虫剂。

268. 震后如何确定水源？

答： 根据地震发生前了解的当地水源分布，地震发生后，一切水源都可能受污染，对所有水源都应重新检验，确定可否饮用。选定的水源要加强防护，清除周围 50 米以内的厕所、粪坑、垃圾堆以及尸体等污染源。

269. 震后如何对饮用水进行净化、消毒？

答： （1）混水澄清法：用明矾、硫酸铝、硫酸铁或聚合氯化铝等做混凝剂，适量加入混水中，用棍棒搅动，待出现絮状物后静置沉淀，水即澄清。也可以就地取材，把仙人掌、仙人球、量天尺、木芙蓉、锦葵、马齿苋、刺蓬、榆树、木棉树皮捣烂加入混水中，也能起到混凝剂的作用。

（2）饮水消毒法。按水的污染程度，每升水加 1～3 毫克氯，15～30 分钟后即可饮用。为验证氯素消毒效果，加氯 30 分钟后应做水中剩余氯测定，一般每升水中还剩有 0.3 毫克氯时，才能认为消毒效果可靠。个人饮水每升加净水锭两片或 2% 碘酒 5 滴，振摇两分钟，放置 10 分钟即可饮用。也可用漂白粉等卤素制剂消毒饮用水。

270. 地震发生后，露宿时应注意哪些事项？

答： 地震发生后，出现许多房屋不再安全，或者房屋内无法住人，人们万不得已在外露宿。在露宿时，我们应该尽力利用身边有限的资源，确保健康。

地震发生后，许多人出现露宿第二天醒来不是头晕、头痛，就是腹痛、腹泻，四肢酸痛、周身不适等症状。这是人体在睡眠时，整个机体处于松弛状态，抗病能力下降。夜越深气温越低，人体和外界的温差也就越大，加上"贼风"侵袭，就容易引起以上症状。睡眠中人体各器官活动减弱，免疫机能降低，尘土和空气中的细菌、病毒乘虚而入，会引起咽炎、扁桃体炎、气管炎等。

如果身体和地面仅隔着薄薄的凉席、塑料布，凉风与地表湿气向上蒸腾的合力，会诱发风湿性关节炎、类风湿病等。

若凉风阵阵吹在熟睡者头面部时，第二天清晨会感到偏头痛，甚至忽然出现口角歪斜、流口水，一只眼睛闭不住等症状。病毒侵犯人体，发生了面部神经麻痹。凉风若吹在没有盖被子的肚子上，会因为腹部受凉引起胃肠功能紊乱，引起腹痛、恶心、腹泻，若肠道内细菌乘机大量繁殖就会引起胃肠痉挛、急性肠胃病等。

如果蚊子落在露宿者裸露在外的皮肤上，不但能吸吮他们的血，同时还可能把疟疾、丝虫病、流行性乙型脑炎、乙型肝炎等的病源传给被叮咬者。夜间活动的昆虫，不用说蛰刺，有时仅仅在皮肤上爬一下，也足以引起条索状或斑块状的水肿性红斑、丘疹、水疱，灼痛刺痒。此外，还会被蛇、蝎、蜈蚣叮咬伤害，重者甚至有生命危险。

地震发生后，人们露宿地点应选择干燥、避风、平坦之处；在山上露宿时，最好选择东南坡，因为那里避风，早上能最早见到太阳；如果被毒蛇咬伤，应立即用绳带在伤口上方缚扎，阻止毒素扩散，并尽快送医院救治；在紧急情况下，可用肥皂水清洗伤口，用口吮吸毒液（边吸边吐，并用清水漱口）。如果有蛇药，可按说明外涂或口服。

271. 地震发生后，搭建防震棚的注意事项有哪些？

答：地震发生后，搭建防震棚时应注意以下问题：

（1）棚舍搭建的场地要开阔，农村要避开危崖、陡坎、河滩等地，城市要避开高楼群和次生灾害源区，不要建在危楼、烟囱、水塔、高压线附近，也不要建在阻碍交通的道口及公共场所周围，以确保道路畅通。

（2）在防震棚中要注意管好照明灯火、炉火和电源，留好防火道，以防火灾和煤气中毒。

（3）防震棚顶部不要压砖头、石头或其他重物，以免掉落砸伤人。

272. 地震发生后，恢复阶段要注意哪些事项？

答：地震发生后，恢复要应注意以下事项：

（1）当发现有毒、易燃气体泄漏或房屋倒塌时，尽快向有关部门报告；

（2）不要随意使用明火，确认安全后，才能在有关人员的指导下进行用电、生火；

（3）注意饮食和个人卫生，按规定服用预防药物，增强身体抵抗力；

（4）及时收听广播，收看政府公告；

（5）积极投入恢复重建工作；

（6）积极和乐观地面对灾后生活。

273. 地震后居民应注意哪些事项？

答：地震后应采取的措施有：

（1）遭遇大地震时不要着急。破坏性地震从人感觉振动到建筑物被破坏平均只有 12 秒钟，在这短短的时间内应根据所处环境迅速做出保障安全的选择。若住在平房里，可以迅速跑到门外。若住在楼房里，千万不要跳楼，应立即切断电闸，关掉煤气，暂避到洗手间等跨度小的地方，或是桌子、床等下面，震后迅速撤离，以防强余震会有更大的危险。

（2）遭遇地震时，人较多时先找藏身处。学校、商店、影剧院等人群聚集的场所若遭遇到地震时，最忌慌乱，应立即躲在课桌、椅子或坚固物品下面，待地震过后再有序地撤离。

（3）遭遇地震时，应远离危险区。若在街道上曹遇到地震时，应用手护住头部，迅速远离楼房到街心一带。若在郊外遇到地震时，应注意远离山崖，陡坡，河岸及高压线等。正在行驶的汽车和火车要立即停车。

（4）遭遇地震时，若被废墟压埋应保存体力。若地震后不幸被废墟埋压，要尽量保持冷静，设法自救。无法脱险时，要保存体力，尽力寻找水和食物，创造生存条件，耐心等待救援。

第五章　相关法律法规知识问答

274.我国关于防震减灾工作最高的法律性文件是什么，由哪个机关制定颁布，何时开始生效？

答：我国关于防震减灾工作的最高法律文件是《中华人民共和国防震减灾法》（修订案），由第十一届全国人民代表大会常务委员会第六次会议于 2008 年 12 月 27 日通过，自 2009 年 5 月 1 日起施行。

275.制定《中华人民共和国防震减灾法》的目的是什么？

答：制定本法的目的是为了防御和减轻地震灾害，保护人民生命和财产安全，促进经济社会的可持续发展。

276.《中华人民共和国防震减灾法》是一部什么样的法律？

答：《中华人民共和国防震减灾法》是一部规范全社会防御与减轻地震灾害活动的重要法律。它主要调整在地震监测预报、地震灾害预防、地震应急和震后救灾与重建中所产生的各种社会关系，明确政府、企业事业单位、社会团体和公民个人在防御与减轻地震灾害活动过程中的责任、权利和义务。

277.《中华人民共和国防震减灾法》与公民有何关系？

答：《中华人民共和国防震减灾法》明确规定公民在防御和减轻地震灾害中的责任和义务，这是每个公民必须遵守的。该法对公民的规定主要有：任何个人有依法参加防震减灾活动的义务；任何个人不得侵占、毁损、拆除或者擅自移动地震监测设施和地震观测环境；任何个人不得向社会散步地震预测意见、地震预报意见及评审结果；国家鼓励个人参加地震灾害保险。

278. 关于建设工程抗震设防，《中华人民共和国防震减灾法》中是如何规定的？

答：《中华人民共和国防震减灾法》第三十五条规定：新建、扩建、改建建设工程，应当达到抗震设防要求。

重大建设工程和可能发生严重次生灾害的建设工程，应当按照国务院有关规定进行地震安全性评价，并按照经审定的地震安全性评价报告所确定的抗震设防要求进行抗震设防。建设工程的地震安全性评价单位应当按照国家有关标准进行地震安全性评价，并对地震安全性评价报告的质量负责。

规定以外的建设工程，应当按照地震烈度区划图或者地震动参数区划图所确定的抗震设防要求进行抗震设防；对学校、医院等人员密集场所的建设工程，应当按照高于当地房屋建筑的抗震设防要求进行设计和施工，采取有效措施，增强抗震设防能力。

279. 什么是《中华人民共和国防震减灾法》规定的重大建设工程？

答：重大建设工程，是指对社会有重大价值或者有重大影响的工程。

280. 各级人民政府应做好哪些防震减灾工作？

答：《中华人民共和国防震减灾法》第七条规定：各级人民政府应当组织开展防震减灾知识的宣传教育，增强公民的防震减灾意识，提高全社会的防震减灾能力。

第四十四条规定：县级人民政府及其有关部门和乡、镇人民政府、城市街道办事处等基层组织，应当组织开展地震应急知识的宣传普及活动和必要的地震应急救援演练，提高公民在地震灾害中自救互救的能力。

机关、团体、企业、事业等单位，应当按照所在地人民政府的要求，结合各自实际情况，加强对本单位人员的地震应急知识宣传教育，开展地震应急救援演练。

学校应当进行地震应急知识教育，组织开展必要的地震应急救援演练，培养学生的安全意识和自救互救能力。

新闻媒体应当开展地震灾害预防和应急、自救互救知识的公益宣传。

国务院地震工作主管部门和县级以上地方人民政府负责管理地震工作的部门或者机构，应当指导、协助、督促有关单位做好防震减灾知识的宣传教育和地震应急救援演练等工作。

281.按照社会危害程度、影响范围等因素，地震灾害分为几级，分别是什么？

答：《中华人民共和国防震减灾法》第四十九条规定：按照社会危害程度、影响范围等因素，地震灾害分为一般、较大、重大和特别重大四级，具体分级标准按照国务院规定执行。

一般或者较大地震灾害发生后，地震发生地的市、县人民政府负责组织有关部门启动地震应急预案；重大地震灾害发生后，地震发生地的省、自治区、直辖市人民政府负责组织有关部门启动地震应急预案；特别重大地震灾害发生后，国务院负责组织有关部门启动地震应急预案。

282.《中华人民共和国防震减灾法》第四十六条关于地震应急预案是如何规定的？

答：《中华人民共和国防震减灾法》第四十六条规定：国务院地震工作主管部门会同国务院有关部门制定国家地震应急预案，报国务院批准。国务院有关部门根据国家地震应急预案，制定本部门的地震应急预案，报国务院地震工作主管部门备案。

县级以上地方人民政府及其有关部门和乡、镇人民政府，应当根据有关法律、法规、规章、上级人民政府及其有关部门的地震应急预案和本行政区域的实际情况，制定本行政区域的地震应急预案和本部门的地震应急预案。省、自治区、直辖市和较大的市的地震应急预案，应当报国务院地震工作主管部门备案。

交通、铁路、水利、电力、通信等基础设施和学校、医院等人员密集场所的经营管理单位，以及可能发生次生灾害的核电、矿山、危险物品等生产经营单位，应当制定地震应急预案，并报所在地的县级人民政府负责管理地震工作的部门或者机构备案。

283.《中华人民共和国防震减灾法》对地震监测设施和地震观测环境保护是怎样规定的？

答：《中华人民共和国防震减灾法》第二十三条规定："国家依法保护地震监测设施和地震观测环境。""任何单位和个人不得侵占、毁损、拆除或者擅自移动地震监测设施。""任何单位和个人不得危害地震观测环境。"

《中华人民共和国防震减灾法》第二十四条规定"新建、扩建、改建建设工程，应当避免对地震监测设施和地震观测环境造成危害。建设国家重点工程，确实无法避免对地震监测设施和地震观测环境造成危害的，建设单位应当按照县级以上地方人民政府负责管理地震工作的部门或者机构的要求，增建抗干扰设施；不能增建干扰设施的，应当新建地震监测设施。

对地震观测环境保护范围内的建设工程项目，城乡规划主管部门在依法核发选址意见书时，应当征求负责管理地震工作的部门或者机构的意见；不需要核发选址意见书的，城乡规划部门在依法核发建设用地规划许可证或者乡村建设规划许可证时，应当征求负责管理地震工作的部门或者机构的意见。"

284. 重大建设工程和可能发生严重次生灾害的建设工程，未按根据地震安全性评价的结果确定抗震设防要求进行抗震设防的，如何处理？

答：《中华人民共和国防震减灾法》第八十七条规定：未依法进行地震安全性评价，或者未按照地震安全性评价报告所确定的抗震设防要求进行抗震设防的，由国务院地震工作主管部门或者县级以上地方人民政府负责管理地震工作的部门或者机构责令限期改正；逾期不改正的，处三万元以上三十万元以下的罚款。

285. 什么样的工程建设场地和区域必须进行地震安全性评价工作？

答：工程建设场地和区域必须进行地震安全性评价工作的有：

（一）国家重大建设工程；

（二）受地震破坏后可能引发水灾、火灾、爆炸、剧毒或者强腐蚀性物质大量泄漏或者其他严重次生灾害的建设工程；

（三）受地震破坏后可能引发放射性污染的核电站和核设施建设工程；

（四）省、自治区、直辖市认为对本行政区域有重大价值或者有重大影响的其他建设工程。

286.《破坏性地震应急条例》颁布于何时，何时生效？

答：1995年2月11日国务院令第172号颁布，1995年4月1日起施行。

287. 颁布《破坏性地震应急条例》的主要目的是什么？

答：为了加强对破坏性地震应急活动的管理，减轻地震灾害损失，保障国家财产和公民人身、财产安全，维护社会秩序。

288.《破坏性地震应急条例》中地震应急、破坏性地震、严重破坏性地震、生命线工程、次生灾害源的涵义是什么?

答：（1）地震应急：为了减轻地震灾害而采取的不同于正常工作程序的紧急防灾和抢险行动。

（2）破坏性地震：造成一定数量人员的伤亡和经济损失的地震事件。

（3）严重破坏性地震：造成严重人员的伤亡和经济损失，使灾区丧失或者部分丧失自我恢复能力，需要国家采取对抗行动的地震事件。

（4）生命线工程：对社会生活、生产有重大影响的交通、通信、供水、排水、供电、供气、输油等工程系统。

（5）次生灾害源：因地震而可能引发水灾、火灾、爆炸等灾害的易燃易爆物品、有毒物质贮存设施、水坝、堤岸等。

289.《破坏性地震应急条例》中对地震临震预报有何规定?

答：地震临震预报由省、自治区、直辖市人民政府依照国务院有关发布地震预报的规定统一发布，其他任何组织或个人不得发布地震预报。

290.《破坏性地震应急条例》规定的临震应急期为多长时间?

答：一般为 10 日，必要时，可延长 10 日。

291.《地震预报管理条例》颁布于何时，何时生效?

答：《地震预报管理条例》由中华人民共和国国务院于 1998 年 12 月 17 日颁布，1998 年 12 月 17 日实施。

292.制定《地震预报管理条例》的主要目的是什么?

答:制定本规定的主要目的是为了加强对地震预报的管理,规范发布地震预报行为。

293.发布地震预报法规的目的是什么?

答:为了加强对地震预报的管理,规范发布地震预报行为,保障人民生命财产的安全和国家经济建设的顺利进行。

294.我国对发布地震预报的权限和程序是如何规定的?

答:1998年12月17日国务院发布的《地震预报管理条例》对发布地震预报的权限和程序做出明确规定:全国性的地震长期预报和地震中期预报,由国务院发布。省、自治区、直辖市行政区域内的地震长期预报、地震中期预报、地震短期预报和临震预报,由省、自治区、直辖市人民政府发布。已发布短期预报的地区,如果发现明显的临震异常,在紧急情况下,当地市、县人民政府可以发布48小时之内的临震预报,并同时向省、自治区、直辖市人民政府及其负责管理地震工作的机构和国务院地震工作主管部门报告。

295.《地震安全性评价管理条例》颁布于何时,何时生效?

答:2001年111月15日颁布,2002年1月1日起实施的。

296.制定《地震安全性评价管理条例》的主要目的是什么?

答:为了加强对地震安全性评价的管理,防御与减轻地震灾害,保护人民生命和财产安全。

297. 哪些建筑工程需要做地震安全性评价？地震安全性评价的等级有哪些？

答：《中华人民共和国防震减灾法》的第三十五条规定："新建、扩建、改建建设工程，应当达到抗震设防要求。重大建设工程和可能发生严重次生灾害的建设工程，应当按照国务院有关规定进行地震安全性评价，并按照经审定的地震安全性评价报告所确定的抗震设防要求进行抗震设防。建设工程的地震安全性评价单位应当按照国家有关标准进行地震安全性评价，并对地震安全性评价报告的质量负责。规定以外的建设工程，应当按照地震烈度区划图或者地震动参数区划图所确定的抗震设防要求进行抗震设防；对学校、医院等人员密集场所的建设工程，应当按照高于当地房屋建筑的抗震设防要求进行设计和施工，采取有效措施，增强抗震设防能力。"

地震安全性评价工作分为三大等级及工作范围：

甲级范围是：全国范围内各种类型的建设工程的地震安全性评价和地震小区划、地震动参数复核及地震活动断层探测与危险性鉴定、震害预测等有关工作。

乙级范围是：全国范围内除国家重大建设工程、核电站和核设施建设工程以外的建设工程的地震安全性评价和地震动参数复核以及 100 万人口以下城市的地震小区划工作。

丙级范围是：所在省、自治区、直辖市辖区内的地震动参数复核工作。

298.《地震监测管理条例》颁布于何时，何时生效？

答：2004 年 6 月 4 日国务院第 52 次常务会议通过，自 2004 年 9 月 1 日起施行。

299.《地震监测管理条例》的主要目的是什么？

答：为了加强对地震监测活动的管理，提高地震监测能力。

300.《地震监测管理条例》的主要适用范围是什么？

答：适用于地震监测台网的规划、建设和管理以及地震监测设施和地震观测环境的保护。